인공지능,

영화가 묻고
철학이 답하다

인공지능

4차 산업혁명 시대가 요구하는
상상력 개발을 위한
인문학 강의

영화가 묻고
철학이 답하다

양선이 지음 ——————————

바른북스

책머리에

  많은 SF영화에서 '인공지능은 인간과 공존 가능한가?'라는 질문을 던진다. 이 문제에 답하기 위해서는 '인간이란 무엇인가'에 대한 검토가 필요하다. 이를 위해 필자가 그동안 연구해 온 서양 근대철학, 영국 경험론, 그리고 윤리학에서 철학자들의 통찰을 소개한다.

  인공지능을 다루는 많은 영화 속에서 감정이 왜 그렇게 중요하게 다루어지는지 잘 이해하지 못하는 사람들이 많은 것 같다. 영화 속에서는 인공지능이 감정을 가지는 것을 특이점 즉 인간을 넘어서는 지점으로 본다. 이 문제에 대해 필자는 감정 철학에 대한 연구를 토대로 설명한다.

  인공지능을 이해하는 데 있어 감정의 문제가 왜 중요한지를 나는 약한 인공지능과 강한 인공지능 두 차원으로 나누어 논의할 것이다(3장). 약한 인공지능과 관련된 윤리적 문제는 현재 인공지능과 인간의 상호작용이라는 측면에서 제기되는 문제가 될 것이다. 최근 등장하고 있는 감성로봇, 사교로봇 등이 이와 같은 사례라고 할 수 있다.

강한 인공지능이 감정을 갖게 될 경우 그것이 어떻게 가능하며 또한 어떤 일이 일어날지 우리는 상상해 볼 필요가 있다. 이 책의 제3장에서 문제 제기한 영국 드라마 〈휴먼스〉에서처럼 인공지능이 개발되고 그와 같은 인공지능이 인간의 삶에 깊숙이 개입하여 상담사의 역할을 할 수도 있을 것이다. 인공지능이 감정을 그리고 도덕감정을 느낄 수 있을지에 대한 논의는 철학 분야에서는 거의 없지만 이러한 문제를 다루는 SF영화들은 무수히 많이 존재한다. 예를 들어 〈휴먼스〉의 여러 주인공들 중 인공지능 로봇인 니스카는 '특이점'을 지나 느낌을 가지도록 설계되었으나 본 모습을 감추기 위해 섹스로봇으로 위장 취업 중이었다. 자신을 구하려고 찾아온 동료의 조금 더 기다리라는 말에 '실망감'과 '좌절감'에 빠지게 된다. 이때 찾아온 고객의 부당한 처사에 '모욕감'을 느껴 더 이상 참을 수 없게 된 니스카는 고객을 살해하고 도망친다. 그 후 인간과 사랑을 경험하게 된 니스카는 자신이 과거에 한 행동, 즉 고객을 살해했던 행동에 대해 '죄책감'을 느끼고 자신이 한 행동에 대해 책임을 지고자 한다. 그리하여 그녀는 인간 변호사인 로라에게 찾아가 자신이 한 일에 대해 '책임'을 지고 싶으니 자신이 '인격' 그리고 '권리'를 가질 수 있게 도와 달라고 부탁을 한다.(4장)

뿐만 아니라 1장에서 다룬 〈엑스마키나〉의 경우 주인공 로봇 에이바가 자신을 업데이트함으로써 폐기할지도 모른다는 사실을 알게 되면서 '공포'를 느끼고 '복수심', '증오심'을 느끼게 되어 결국 자신을 창조해 준 과학자를 살해하고 도망친다. 영화는 에이바가 인간이 가장 많이 모여 있는 교차로 앞에 서 있는 장면으로 끝나는

데, 과연 에이바가 인간과 잘 어우러져 살 수 있을까? 하는 물음을 던지는 것 같다.(1장)

  윤리적 인공지능의 가능성 문제를 다룬 〈아이 로봇〉에서 스푸너 형사는 인공지능 로봇 써니를 만든 과학자 래닝 박사의 죽음을 수사한다. 스푸너 형사는 인공지능 써니를 신문하러 심문실에 들어가기 전 상사에게 '윙크'를 하는 장면이 있다. 그 모습을 본 써니는 스푸너 형사에게 '윙크'의 뜻에 대해 묻는다. 이에 스푸너는 '윙크'는 인간들이 신뢰감을 표현하는 방식이라고 말하며 너네들 같은 기계들은 감정을 갖지 못하기에 그 의미를 이해하지 못할 것이라 말한다. 하지만 결국은 써니가 인간의 감정을 이해하게 되고 로봇의 반란 상황에서 스푸너 형사에게 자신도 '윙크'를 해 주고 도와줌으로써 서로가 친구임을 인정하며 악수를 나눈다.(6장)

  이처럼 인공지능이 감정을 갖게 될 경우 인공지능을 어떻게 대우해야 할지는 중요한 윤리적 문제가 될 것이다. 영화에서 우리는 인공지능이 자신이 업데이트되거나 폐기되는 것에 대한 공포 또는 슬픔을 느끼는 장면을 종종 볼 수 있다. 1장에서 다루고 있는 에이바의 경우 자신을 창조해 준 과학자 네이든이 자신을 업데이트시키고 폐기할 것이라는 사실을 알게 되자 '증오심'과 '복수심'을 느낀다. 2장에서 다루는 영화 〈Her〉에서 Os 시스템인 인공지능 사만다는 자신이 업데이트될수록 변화하면서 성장하게 되고 더 많은 사람들과 접속하게 되는 자신에 대해 '두려움'을 느낀다. 6장에서 다루고 있는 〈아이 로봇〉에서 인공지능 써니는 자신이 시스템 오류가 생겼기 때문에 폐기 처분하게 될 것이라는 과학자의 말에 대해 "슬프네요, 더 살고 싶은데…"라는 말을 한다.

인간의 편리를 위해서는 인공지능은 계속 업데이트되어야 할 것이고 그렇게 되면 이전 모델은 폐기 처분되어야 할 것이다. 그러나 인공지능이 '인격'을 갖게 된다면 과연 인격적 존재를 물건처럼 폐기 처분할 수 있는가 하는 문제가 생길 수 있다. 인격의 문제에 관해서 우리는 이 책의 제4장에서 상세히 살펴볼 것이다. 이 책의 4장에서 다루는 영화 〈바이센티니얼맨〉에서도 알 수 있듯이 인공지능이 인간보다 더 창작을 잘한다고 할지라도 그 로봇이 저작권이나 특허권과 같이 권리를 가지려면 인격을 가져야 한다. 물론 최근에 와서는 인간과 동등한 인격은 아니더라도 인공지능에게 책임귀속을 위해 '전자인격'을 부여하기도 한다.

이 책은 윤리적 인공지능의 가능성 문제를 탐색하는 것을 목표로 한다. 이를 위해서는 도덕이란 무엇인가를 먼저 탐구해야 할 것이다. 인간관계는 '친밀함'으로부터 형성되고 우리는 친밀한 관계를 통해 서로의 신뢰를 형성하면서 도덕적으로 발전해 나간다. 흔히 우리가 도덕적 덕목으로 중요시하는 정직, 신뢰, 우정 등은 '친밀함'으로서 '감정'이다. 그런데 이와 같은 감정은 편파적일 수 있는데, 이러한 편파성을 제한할 기준은 무엇인가?

18세기 영국의 철학자 흄에 따르면 공감은 특정 성질이나 성격을 바라보며 고려할 때 일어나는 쾌락이나 역겨움 따위의 느낌에서 유래하고 이 느낌들은 멀고 가까움에 따라 변하는 '제한된 공감'이다. 따라서 그는 제한된 공감의 편파성을 극복하기 위해서는 공감을 '확장'해야 한다고 말한다. 이를 위해서는 '반성'을 통해서 '일반적 관점'을 따라야 한다. 이때 '일반적 관점'이란 모호한데, 쉽게 말하면 관행(convention) 또는 그 시대에 많은 사람들이 공감하는 견해, 관점이라 할 수 있다. 미국의 현대 윤리학자 휴 라폴레트는 사적인 관계에서 편파성을 제한할 기준을 제시하는 문제가 가장 어려운 것이라 하면서 이는 그만큼 도덕이라는 것이 어려운 문제이기 때문이라고 말한다.

도덕이 어려운 문제인 만큼 인공지능의 도덕화, 또는 윤리적 행위자로서의 인공지능을 만드는 것 또한 어려운 문제일 것이다. 우리는 이 문제에 관하여 이 책의 제6장에서 살펴보게 될 것이다. 필자의 견해를 윤리적 인공지능 모델에 적용한다면 의무론이나 규칙 공리주의와 같이 규칙을 입력하는 '하향식 모델'이라기보다 덕윤리와 같은 '상향식 모델'에 가깝다.

하지만 상향식이든 하향식이든 이 두 모델은 도덕판단의 원리이지 실행 또는 추진원리는 아니다. 따라서 도덕적 행위의 동기 부여를 위해서는 도덕감정이 필요하다. 즉 도덕적 행위자는 도덕감정을 느낄 수 있어야 한다. 그렇다면 여전히 어려운 문제는 감정을 느낄 수 있는 인공지능을 만들 수 있느냐는 것이 될 것이다. 이 문제는 이 책의 마지막 장 6장에서 상세히 논의할 것이다.

감정을 느낄 수 있는 인공지능을 만드는 것이 가능하려면 감정의 적절성을 깨달을 수 있게 프로그래밍 해야 한다. 예를 들어 웃기는 상황에 대해 웃는 반응을 하는 것과 상황에 따라 웃는 것과 웃어서는 안 되는 것을 구별할 수 있도록 교육해야 한다. 왜냐하면 무엇이 어떤 감정을 도덕적으로 만드는가는 그와 같은 감정을 가진 인간이 평가를 해가는 실천적 삶의 역사에 달려 있기 때문이다. 이것은 영화 〈아이 로봇〉에서 나온 장면 중 '써니'가 스누프 형사에게 '윙크'의 의미가 무엇이냐고 물었듯이 윙크의 의미가 인간 간의 유대감, 신뢰감을 표시하는 방법이라는 것도 우리가 삶을 통해 배워서 알게 되는 것 중 하나인 것이다. 이렇듯 감정의 적절성, 즉 그렇게 느끼는 것이 그 상황, 그리고 그 맥락, 그 문화 속에서 적절할 수도 있고 그렇지 않을 수도 있다. 서로 다른 문화 속에서 우리는 서로 다른 웃김, 역겨움, 창피함 등등을 발견한다. 공동체가 공유하는 감정과 판단에 의해 부과된 사회적 강제를 통해 우리는 반성과 숙고를 하게 되고 서로 다른 공동체가 공유한 서로 다른 역사가 수치심에 대한 서로 다른 기준을 확립한다.

만일 감정을 가진 인공지능이 가능하고 이러한 인공지능이 〈엑스 마키나〉에서 과학자 네이든이 말하듯 잭슨 폴록의 그림 원리처럼 무작위한 데이터를 주입해 주었는데, 스스로 학습해서 진화한다면 인간처럼 복잡한 감정을 가지지 말라는 법이 없을 것이다. 그렇다면 제작자가 본래 의도하지 않았던 방식으로 나갈지도 모른다. 이를 방지하기 위해서는 우선은 로봇이 인간에게 해를 가하는 행동을 하지 못하도록 기능을 갖추되 제어할 수 있도록 설계되어야 할 것이다. 그다음으로는 타인의 고통에 공감할 수 있는 도덕감정을 가질 수 있도록 프로그래밍 해야 한다.

인공지능이 도덕감정을 가질 수 있도록 프로그래밍해야 한다고 해서 기계가 실제로 도덕적 존재가 된다는 의미는 아니다. 필자가 말하는 도덕감정을 가지도록 프로그래밍해야 한다는 의미는 인공지능이 윤리적으로 타당한 방식으로 행동하도록 설계해야 한다는 뜻이고 윤리적으로 타당한 방식으로 설계한다는 말은 인간의 관습과 행동을 이해하고 따르도록 설계해야 한다는 뜻이다. 그러기 위해서는 공감 능력이 있어야 할 것이고 따라서 로봇에게도 공감할 수 있는 능력을 프로그래밍해야 한다. 이 책의 제3장에서 인공지능이 공감이 가능한지에 대해 다룬다.

인공지능이 도덕적 행위자가 되기 위한 조건으로 도덕감정을 가질 수 있어야 한다는 것을 받아들이려면 먼저 감정을 가질 수 있을까 하는 문제부터 논의되어야 한다. 우리는 이에 관해 이 책의 제1장, 2장, 3장에서 살펴본다. 이 문제는 현재 어려운 문제로 분류되지만 우리가 미래를 대비하기 위해 계속 연구해야 할 문제이다. '도덕은 정서의 문제다'라고 말한 영국 철학자 데이비드 흄의 입장을 따른다면 인간에게도 그러하듯이 인공지능이 윤리적 행위자로 인정받으려면 '올바른' 도덕적 감정을 통해서 행동해야 한다고 말할 수 있다. 도덕적 감정은 타인의 고통에 대해서 공감하고 고통을 느낄 수 있는 감정을 말한다.

인공지능이 도덕적 감정을 가질 수 있어야 한다는 말은 인간과 같이 공존할 수 있는 감정을 갖고 인간의 고통에 공감하면서 같이 살아가는 주체적인 생각을 갖는 것을 말한다. 이 책의 5장에서 살펴보게 될 뇌 과학자인 다마지오의 뇌 과학 연구나 그린의 자기공명상 연구에 따르면 도덕적인 행동을 위해서는 정서적인 뇌가 작동해야 하고 행위의 동기가 되는 것이 이성보다는 감정이라는 것을 알 수 있다.

전통적으로 도덕적 주체가 되기 위해 제시되는 조건 세 가지는 인격, 자율성(자유의지), 그리고 도덕 감정이다. 도덕적 인격을 가지기 위한 조건 중 감정과 관련된 쾌·고 감수능력의 표현이나 자아 정체성을 가지고 미래를 설계하는 능력 등은 인공지능이 아직 가지기 어려우며, 우리가 이 책의 5장에서 살펴보게 될 벤자민 리벳의 실험에서 자유의지라는 것이 존재하지 않는다는 결론이 나올 만큼 '자유의지'라는 것의 존재조차 확실하지가 않다. 나는 인공지능이 자유의지를 가질 수 없다면 대안으로 도덕 감정을 프로그래밍해야 한다고 주장한다.

하지만 인공지능이 도덕적 감정, 인격, 자유의지를 가지는 것이 현재로서는 불가능하다 보니 새로운 책임 관련 소재들이 등장했고, 인공지능에게 책임 소재를 분명히 하기 위한 현실적 대안으로 '분산된 책임', 책무에 기반한 '설명 가능한 AI'의 개발 등이 제시되고 있다.

우리는 인간의 편의를 위해 만들어진 인공지능이 훗날 인간을 불행에 빠뜨릴 수 있다는 사실을 간과해서는 안 된다. 이렇게 무서운 속도로 발전하는 인공지능 기술이 사람이 할 일을 하나씩 대체해 가면서 점차 사람을 지배할 수도 있다는 것은 진정 우리에게 위협이 되지 않을 수 없다. 그렇기 때문에 4차 산업혁명은 인간 중심의 산업혁명이 되어야 한다. 그러나 인공지능과의 공존이 불가피한 현실에서 우리는 어떻게 공존할 수 있는지를 고민해 보아야 할 것이다. 필자는 공존을 위해 인간과 인공지능의 상호작용 그리고 인간과 인간의 상호작용을 구분하고 인간의 가치인 공감력을 잘 살려 공존을 모색해야 한다고 말했다(3장). 공감을 위해 '친밀감' 에서 출발해야 하지만 인간과 인공지능의 상호작용에 있어 지나친 친밀감은 '의인화'로 이어질 수 있으며 더 심각하게는 가상현실 중독에 빠질 수 있다. 4차 산업혁명 시대에 우리는 이와 같은 문제의식을 가지고 인간과 인간 간의 관계에서는 '친밀함'을 바탕으로 하여 공감하는 것이 중요하지만 친밀함에서 비롯된 사적인 관계의 편파성을 극복하고 공평무사한 관점으로 확대해야 한다. 그리하여 나와 이해관계가 없는 사람의 고통에 대해서도 공감할 수 있는 연대의식을 가져야 한다.(7장)

이 책은 2018년~현재까지 한국외국대학교 교양 강좌 '인공지능과 마음'이라는 수업 강의록을 기초로 했다. 그동안 이 수업에서 좋은 피드백과 성원을 보내 준 한국외국어대학교 수강 학생들에게 깊이 감사드린다. 또한 2018년도 〈인공지능의 철학〉 강의에서 활발한 토론을 통해 영감을 준 외대 철학과 학생들에게도 감사드린다. 아울러 좋은 영화를 소개해 준 최정근 교수에게도 감사드린다. 무엇보다도 가장 가까이서 내 삶을 지켜주는 남편과 소중한 딸에게 진한 감사의 마음을 표하는 바이다. 독자들이 인공지능과 공존하게 될 미래를 상상하는 데 이 책이 도움이 되기를 바란다.

-미네르바 교양관에서 양선이-

차례

책머리에

제 **1** 장

감정이란 무엇인가?/
인공지능은 감정을 가질 수 있을까?
- 영화 〈엑스 마키나(Ex Machina)〉

· 엑스 마키나   20
· 튜링 테스트   22
· 중국어 방 논증   24
· 영화 〈엑스 마키나〉의 튜링 테스트: 27
   인공지능은 감정을 가질 수 있을까?
· 잭슨 폴록의 그림 원리와 흄의 극장 비유   29
· 메리 흑백방 논증   32
· 지식이론   38

제 **2** 장

인공지능과 사랑에 빠질 수 있을까?
- 영화 〈그녀(Her)〉

· 영화 〈Her〉   44
· 사랑의 이유: 46
   De Re적 사랑과 De Dicto적 사랑
· 데 레(De Re)적 사랑: 49
   아리스토파네스적 역사성, 우연성, 대체불가능성

제 **3** 장

인공지능은 공감이 가능할까?

- 영국 드라마 〈휴먼스(Humans)〉

· 영국 드라마 〈휴먼스(Humans)〉   58

· 인공지능과 감정   60

· 사교로봇(social robot) 및   66

  케어로봇(care robot)의 등장과 의인화 문제

· 강한 인공지능의 등장과 감정의 문제   70

· 인간-로봇의 상호작용: 73

    인공지능과 공감

· 인간관계: 79

    사적인 관계와 공평무사한 관점

· 나가며   84

제 **4** 장

인공지능은 인격을 가질 수 있는가?

- 영화 〈트랜센던스〉, 〈바이센티니얼맨〉

· 인공지능과 인격   94

· 인공지능과 책임: 99

    분산된 책임, 설명 가능성, 책무와 책임

제 5 장

인공지능은
자유의지를 가질 수 있을까?

- 영화 〈마이너리티 리포트〉, 〈블랙 미러〉 중 'be right back'

· 자유와 책임   110
· 양립가능론이란?   112
· 자유의지란?   115
· 정념은 이성의 노예?   117
· 리벳실험: 120
    자유의지는 없다
· 피니어스 게이지 사례: 123
    감정을 통제하는 부위의 뇌 손상은
    도덕감 상실을 유발한다
· 안토니오 다마지오의 사례: 125
    복내측 전전두엽 손상 뇌 사례
    -지식은 있지만 도덕적 행동이 어렵다
· 트롤리 딜레마: 128
    인신적 딜레마와 비인신적 딜레마를 통해서 본
    도덕적 행동의 동기는?
· 자유의지가 없다면 책임 귀속은 불가능한가? 131
· 책임: 133
    반응적 태도와 사회적 관행

제 6 장

인공지능은
도덕적 책임을 질 수 있을까?

- 영화 〈아이, 로봇〉

· 윤리적 인공지능의 가능성   **142**

· 하향식 방법: **143**
    공리주의, 의무론

· 게릴라 코드: **147**
    무작위로 결합된 코드, 자유? 감정?

· 상향식 방법: **150**
    덕윤리

· 자율시스템   **152**

· 트롤리 딜레마를 통해서 본   **156**
자율주행차의 윤리적 딜레마:
    공리주의적 프로그래밍 vs
    운전자 우선적 프로그래밍

· 필자가 제안하는 도덕적 행위자로서   **163**
인공지능이 갖추어야 할 조건

· 현실적인 대안   **170**

제 7 장

인공지능은
인간의 일자리를 대체할 수 있는가?
- 영국 드라마 〈휴먼스(Humans)〉, 영화 〈가타카〉

· 4차 산업혁명 시대   178
· 자동화를 피해갈 가능성이 높은 육체노동과   181
  자동화에 가장 취약한 사무직
· 해결책   185

제1장.

감정이란 무엇인가? /
인공지능은 감정을
가질 수 있을까?

– 영화 〈엑스 마키나(Ex Machina)〉

엑스 마키나

———

2015년에 개봉한 〈엑스 마키나〉는 개봉 당시 혹평을 받았으며 흥행에 실패했다. 이 영화는 개봉할 당시에는 스릴러 SF영화라는 평가를 받았다. 하지만 2016년 알파고의 등장과 함께 많은 사람들은 인간을 능가하는 인공지능이 단지 SF영화에만 등장할 법한 존재가 아니라는 것을 예감하게 되었다. 이러한 생각과 함께 최근에 〈엑스 마키나〉라는 영화는 새롭게 주목받고 있다. 많은 사람들은 이 영화의 주제를 '튜링 테스트'라고 말한다. 이 영화는 총 7차에 걸쳐 튜링 테스트를 진행하고 있는데 이 순서대로 따라가다 보면 미래에 등장할 인공지능에 대한 그림을 그릴 수 있다.

4차 테스트에서 튜링 테스트를 통과한다고 할지라도 인공지능은 인간과 같은 의식을 가질 수 없다는 것을 암시하는 장면이 나오는데 이 부분이 중요하다. 그 이유를 잠깐 먼저 언급하면, 인간이 갖는 의식의 주관적 측면에 해당하는 소위 '감각질(qualia)'의 문제가 이 영화에서 주요한 문제가 되고 있기 때문이다. 다소 복잡한 철학적 문제라서 그런지 이 문제에 주목하는 사람들은 많지 않지

인공지능, 영화가 묻고 철학이 답하다

만 이 문제가 인공지능이 감정을 가질 수 있는지를 이해하기 위한 핵심에 해당하므로 이 장에서 이 문제부터 풀고 가도록 하자.

영화의 배경을 간략히 설명하자면, 이 영화는 검색엔진 회사의 CEO인 '네이든'이 자신의 회사 '블루북'의 프로그래머인 '칼렙'을 별장에 초대하여 그에게 개발 중인 인공지능 로봇 '에이바'를 일주일간 일종의 튜링 테스트를 시키는 것이 주된 내용이다. 튜링 테스트는 영국의 수학자 앨런 튜링이 제안한 컴퓨터의 지능 판별법이다. 서로 보이지 않는 공간에서 질의자가 인간과 컴퓨터를 상대로 대화하면서 컴퓨터가 인간인 척하여 질의자가 컴퓨터를 구별해 내지 못하면 튜링 테스트에 통과하게 되고 그 컴퓨터는 지능이 있다고 봐야 한다는 내용이다.

이 영화에서 네이든이 제안하는 튜링 테스트는 훨씬 난이도가 높다. 칼렙은 에이바가 로봇이라는 것을 훤히 아는 상태로 대화하면서 에이바가 인간과 같이 감정을 느끼고 자의식이 있는지에 대해 테스트를 진행하게 된다. 이 책은 영화를 소개하는 것이 목적은 아니다. 인공지능과 관련해서 꼭 알아야 할 개념들에 대한 이해를 돕기 위해 영화 내용을 소개하면서 그 개념들을 설명할 것이다. 우선 튜링 테스트라는 개념을 먼저 살펴보기로 하자.

튜링 테스트

———

튜링 테스트는 기계가 또는 인공지능이 생각할 수 있는지를 판단하는 실험이다. 영국의 수학자 앨런 튜링이 '모방게임(imitation game)'이라고 고안해 낸 이론으로 시작해 지능의 유무를 확인하는 실험으로 오늘날 튜링 테스트라고 불리고 있다. 튜링 테스트는 서로 다른 방에 '사람'과 '기계'가 들어 있고 방 밖에 '검사자'가 있는 상황 설정을 통해 설명될 수 있다. 실험은 검사자가 컴퓨터를 통해 사람과 기계가 각각 대화를 하는 방식으로 진행된다. 이때 기계는 검사자로 하여금 자기 자신을 사람으로 오인하게끔 만드는 것이 이 게임의 목표이다. 만약 검사자가 대화를 나눈 후 누가 사람인지 구분하지 못하거나 둘 다 사람일 것이라고 오인한다면, 달리 말하면 기계가 사람을 속일 수 있다면 결국 기계가 생각할 수 있는 능력 즉, 지능을 가지고 있다고 볼 수 있다는 것이다. 이때 기계는 인간을 속일 수 있는 능력이 있기 때문에 인간보다 지능이 뛰어나다고 보여질 수도 있으며, 우리는 이와 같은 튜링 테스트를 통과한 인공지능이 실제로 생각하는 능력이 있다고 볼 수 있다.

인공지능, 영화가 묻고 철학이 답하다

튜링 테스트를 통과한 인공지능의 최신 버전을 예로 들자면, 우리가 자주 사용하는 것으로 '시리(siri)'를 들 수 있다. 애플이 내놓은 인공지능 서비스 애플리케이션은 출시 된 이후 많은 업그레이드를 거쳐 사람과 원활한 소통이 가능해졌다. 한국어의 경우는 아직 원활한 소통이 불가능하지만 영어로 대화하는 경우 실제로 사람과 가깝게 구현되어 있는 것을 확인할 수 있다. 우리가 궁금해하는 것을 '시리'에게 물어보면 '시리'는 원하는 답을 들려주기 때문에 우리는 시리가 생각하는 것처럼 또는 생각할 능력이 있는 것처럼 느낀다. 그러나 정확히 말하자면 시리는 생각하는 것이 아니라 매뉴얼화 되어 있는 시스템을 통해 데이터를 처리하는 일을 한 것뿐이다. 그러나 튜링 테스트의 기능주의적 관점에서 볼 때, 시리는 원래 튜링 테스트가 추구하는 완벽한 지능을 가진 인공지능은 아니지만 실제로 활용하는 데 문제가 없다. 즉 시리의 경우는 생각할 수 있는 능력의 유무 파악보다는 기능에 초점을 둔 경우라 볼 수 있다. '시리'뿐만 아니라 유튜브의 알고리즘을 통해 관련 영상을 사용자에게 추천해 주거나 넷플릭스의 인공지능이 사용자들에게 관심을 끌 만한 영화나 드라마를 추천하고 제안하는 것도 튜링 테스트의 기능주의적 관점에서 사용되고 있는 사례라고 볼 수 있다.

중국어 방 논증

———

튜링 테스트는 인간의 지능을 '입력-알고리즘 프로그램-출력'으로 보는 기능주의적 입장을 취하고 있기 때문에 튜링 테스트를 통과한다고 해서 지능을 갖는다고 볼 수 있는지에 대한 논쟁이 있었다. 존 썰(1932~)은 '중국어 방 논증'을 통해 컴퓨터(오늘날은 인공지능)는 구문론만을 알고 기호를 조작할 뿐 의미론을 알지 못하기 때문에 인간과 같이 생각한다고 볼 수 없다고 비판했다. 썰의 중국어 방 논증의 요지는 다음과 같다. 방 안에 중국어를 전혀 모르는 영국인이 있고 방 밖에 있는(왼쪽) 사람이 중국어로 된 질문 리스트를 넣어 준다. 그러면 방 안에 있는 중국어를 전혀 모르는 영국인은 중국어-영어 답변 매뉴얼을 보고 중국어 질문에 답을 만들어 방 밖(오른쪽)의 사람에게 내어 준다. 이때 오른쪽 방 밖에 있는 사람은 그 답을 보고 방 안에 중국인이 들어 있다고 착각을 하게 된다. 여기서 왼쪽 방 밖에서 질문을 넣어 주는 사람은 입력 데이터에 해당하고 방 안에 있는 중국어를 전혀 모르지만 매뉴얼(컴퓨터 프로그램)에 따라 처리하는 영국인은 컴퓨터에 해당하며 매뉴얼에 따라 처리된 답변들은 데이터 베이스에 해당, 그리고 오른쪽 바깥으로 내보내진 답변은 출력 데이터가 된다.

　존 썰은 중국어 방 논증을 통해 방 안의 영국인이 중국어를 전혀 몰라도 매뉴얼에 따라 그림을 그리듯 중국어로 답변을 해서 바깥으로 출력을 해 보내듯이 컴퓨터는 의미론을 몰라도 구문론으로 답변을 내놓을 수 있다고 주장한다. 그러나 인간들은 서로 의사소통을 하는 데 있어서 의미론이 중요하다는 것이다.[1]

　존 썰이 중국어 방 논증을 통해 튜링 테스트와 기능주의에 대해 비판한 이후로 인공지능 연구는 암흑기를 맞았지만 2016년 알파고 등장 이후로 인공지능에 대한 연구는 활발히 진행되고 있다. 이렇게 인공지능 연구가 다시 활발해지게 된 배경에는 뇌 과학의 발달을 들 수 있다. 뇌 과학의 발달로 뇌의 뉴런을 본떠 만든 알고리즘을 사용한 딥러닝이 개발되었기 때문이다. 이제 기계는 이전처럼 데이터베이스에 있는 답을 내놓는 것이 아니라 딥러닝을 통해 스스로 학습하여 데이터를 확장하고 새로운 답을 내놓는다. 이에 따라 사람과 구분하기 힘들 정도의 챗봇이 개발되었고 존 썰이 중국어 방 논증을 통해 제기한 컴퓨터는 구문론만 알 뿐 의미론을 모른다는 문제는 극복되었다고 볼 수 있다.

　지능을 갖는 인공지능이 개발된 현재 시점에서 기계가 감정을 가질 수 있는지에 대한 새로운 튜링 테스트가 시도되고 있다. 인공지능과 감정을 공유하여 서로 공감할 수 있도록 하는 연구가 진행 중이며 케어로봇, 감정로봇 등에 감정을 테스트하는 새로운 튜링 테스트가 적용되고 있다. 우리는 이 책의 3장에서 감성 로봇의

1　이영의(2019), 「의식적 인공지능」, 『인공지능의 존재론』, pp. 49-52 참고

원리에 대해 알아볼 것이다. 그 전에 우리는 이 장에서 영화 〈엑스 마키나〉에 나오는 인공지능 '에이바'에 대한 튜링 테스트를 통해 친절, 예술성, 사랑, 공감, 유머 등등의 다양한 인간성을 시험하는 새로운 튜링 테스트에 대해 알아보도록 하자.

영화 〈엑스 마키나〉의 튜링 테스트:

___

인공지능은 감정을 가질 수 있을까?

● 1차 테스트

1차 테스트에서 에이바는 자신을 테스트하러 온 칼렙에게 미소를 보이며 인사를 하고 '친절'하게 대한다.

● 2차 테스트

2차 테스트에서 에이바는 자신이 그린 그림을 보여 주는데 이는 에이바가 예술 활동을 함을 암시한다. 그리고 칼렙에게 그가 한 말을 되받아치며 농담을 던지고 그의 이야기를 들려 달라고 하며 상대와 일방적인 관계가 아니라 상호작용하는 친구가 되기를 요구한다. 칼렙이 부모님이 돌아가셨다는 이야기를 할 때는 '슬픈' 표정을 지으면서 유감을 표하며 칼렙에게 '공감'하는 모습을 보여 준다. 정전이 일어난 상황에서는 칼렙에게 자신을 창조해 준 과학자인 네이든을 믿지 말라고 경고하고 '혐오감'을 드러낸다. 정전이 끝남과 동시에 카메라로 지켜보는 네이든을 속이기 위해 태도를 바꾸는 '기지'를 발휘한다.

● 3차 테스트

3차 테스트에서는 에이바가 가보고 싶은 곳이 '교차로'라고 말하며 인간에 대한 '호기심'을 드러낸다. 즉 교차로가 상징하는 바는 인간이 많이 모인 곳으로 자신이 인간과 어우러져 살고 싶음을 암시한다. 이 대목은 중요한데, 이 영화의 마지막 장면에 에이바가 사람들이 많이 모인 교차로에 서 있는 것으로 끝이 난다. 우리는 그것이 의미하는 바가 무엇인지 생각해 볼 필요가 있다. 그 전에 진행된 튜링 테스트를 더 살펴보자. 에이바는 칼렙에게 같이 나가자고 데이트를 신청하며 가발과 원피스를 입고 아름답게 꾸민 모습으로 칼렙을 '유혹'한다. 한편 칼렙은 네이든이 에이바에게 자신을 좋아하도록 프로그래밍한 것이 아닌지 의심하며 불편함을 보인다.

3차 테스트 이후 칼렙은 네이든에게 에이바가 자신을 좋아하도록 프로그래밍한 것이냐고 묻는다. 네이든은 사람의 '취향(taste)'이나 '사랑'하는 감정은 작위적인 것이 아니라 우연히 무의식적으로 학습되는 것이라 답한다. 그리고 칼렙을 자신의 방으로 데려와 잭슨 폴록의 그림을 소개한다.

인공지능, 영화가 묻고 철학이 답하다

잭슨 폴록의 그림의 원리와
흄의 극장 비유

————

　잭슨 폴록의 그림은 의도적인 것과 임의적인 것의 중간 단계이다. 그림을 그린 것이라기보다는 붓을 마음 가는 대로 휘두른 작품이다. 작위적이지 않고 우연적인 것이 곧 가장 자연스러운 것이라는 의미인데, 잭슨 폴록의 그림에서 네이든의 인공지능 프로그래밍 의도를 엿볼 수 있다. 네이든은 에이바에게 사랑하고 감정을 표현할 방법을 프로그래밍했을 뿐 나머지는 에이바가 스스로 학습하여 우연적으로 알아간다. 이것이 가장 자연스러운 인간의 모습과 유사할 것이기 때문이다.

　잭슨 폴록의 그림처럼 작위적이지 않고 우연적인 것이 가장 자연스러운 것이라는 원리는 인간의 마음에 관한 18세기 영국 철학자 데이비드 흄(1711~1776)의 사상과 유사하다. 흄은 인간의 마음을 극장(theatre)과 유사하다고 보았다. 이때 극장이란 오늘날의 영화관과는 다른 것인데, 그 당시 무대에 등장인물이 자신의 역할을 수행하기 위해 나타났다가 퇴장하고 나타났다가 사라지고 하는 그런 것에 흄은 마음의 상태를 비유했다. 즉 인간의 마음은 지각, 고통,

감정, 생각, 지식, 등등이 순간순간 나타났다가 사라지기도 하면서 우연적으로 뭉쳐져 있는 다발과 같다. 이렇게 마음이 구성되는 원리는 자연적 경향성이며, 이와 같은 경향성이 환경과의 관계에 따라 내놓는 값이 그때그때의 우리 마음 상태라고 할 수 있다. 즉 순간순간에 우리가 겪는 경험은 데이터에 해당하고 이 데이터에 대해 '반성'을 해 볼 때 쾌락을 주는 것에 대해서는 긍정적 느낌이 일어나고(예를 들면, 기쁨, 자부심, 감사 등등의 감정을 느끼게 되고), 불쾌를 주는 것에 대해서는 부정적 느낌(예를 들면, 공포, 슬픔, 분노, 수치심 등등)이 일어나도록 우리 마음이 진화해 왔다는 것이다.[2]

이를 인공지능에 적용해 보면 데이터를 토대로 출력값을 내놓을 때 '적절'한 값을 내놓기 위한 방식이 '딥러닝'이라고 보면 된다. 인공지능 연구에 딥러닝이 필요했던 이유는 기계가 추상적 사고를 할 수 있게 하기 위해서인데, 만일 기계가 추상적 사고를 할 수 있다면 '감정'을 가질 수도 있다. 인공지능이 감정을 가질 수 있는 원리에 대한 구체적 논의는 이 책의 제3장에서 논의하기로 하겠다.

인공지능이 딥러닝을 통해서 '감정'을 가질 수 있다고 하더라도 인간이 갖는 마음과 결정적인 차이는 '감각질'을 갖느냐에 있다고 하는 소위 의식의 주관성 문제에 해당하는 논의가 영화 〈엑스 마키나〉 4차 테스트에 등장한다. '감각질'의 문제는 현대 철학자들이 소위 '의식에 관한 어려운 문제'라고 부르는 의식의 주관성 문제에 해당한다.[3]

---

2   흄의 마음과 극장의 비유 관한 자세한 논의는 양선이(2012), 『마음과 철학』의 「흄: 지각다발로서의 마음과 역사적 자아」를 참고하시오.

3   '의식의 어려운 문제'와 '감각질 문제'에 관해서는 이영의(2019), 「의식적 인공지능」, 『인공지능의 존재론』, pp. 53-65을 참고하시오.

● 4차 테스트

4차 테스트에서 칼렙은 에이바에게 '메리의 흑백방 논증'에 대해 이야기하며 자신이 에이바를 테스트하기 위해 온 것이라 고백한다. 여기서 소개되는 메리의 흑백방 논증은 인공지능과 인간의 차이를 말할 때 아주 중요하므로 이에 관해 잠시 살펴보기로 하자.

메리 흑백방 논증

━━━

    메리 흑백방 논증은 미국의 현대 심리철학자인 프랑크 잭슨(1980)이 제안한 것으로 물리적인 것으로 환원할 수 없는 의식의 고유한 사적인 특성을 설명하기 위한 논증이다. 이 논증의 내용은 다음과 같다. 과학자 메리는 흑백으로 된 방에서 태어나서 살면서 흑백으로 이루어진 삶을 살고 있다. 메리는 색을 직접 본 경험은 없지만 색 전문가로서 색에 대한 물리적 생물학적 원리를 알고 있다. 그러다가 어느 날 메리가 흑백 방에서 나가 붉은 토마토를 보게 된다. 그녀는 이론적으로만 알고 있던 빨간색의 잘 익은 토마토를 보면서 "아, 빨간색을 경험한다는 것이 이런 느낌이었구나!"는 것을 깨닫게 된다. 여기서 메리가 빨간색을 직접 보면서 갖게 되는 주체의 고유하고 독특한 느낌을 '감각질(퀄리아)'이라고 한다. 주체가 의식적 경험을 할 때 갖게 되는 고유한 정신적 특성을 의식의 본질이라고 많은 사람들은 말한다. 인공지능이 계산도 하고, 퀴즈 게임에서도 인간을 이기고, 바둑에서도 인간을 능가하는 오늘날 과연 인공지능도 이와 같은 '퀄리아적' 경험을 한다고 말할 수 있을까?

인공지능, 영화가 묻고 철학이 답하다

감각질을 설명하는 메리 흑백방 논증을 인공지능에 적용하면 다음과 같이 말할 수 있을 것이다. 즉 인공지능은 색에 대해 이론적인 지식만을 갖춘 채 흑백방에 있는 메리와 같아서 인간과 같이 자신만의 감각적인 심상을 느낄 수 없다. 4차 테스트에서 주인공 칼렙이 이와 같은 취지의 발언을 하자 인공지능 에이바는 자신이 현재 과학자 네이든에 의해 탄생하여 살고 있는 흑백방과 같은 별장을 나가 실제 세상에 있게 되는 것을 상상한다. '나도 색감을 느낄 수 있어'라며 칼렙의 말을 부정하는 듯한 표정을 짓는다. 이어서 자신이 정전을 일으킨다는 것을 칼렙에게 밝히는데 이 장면에서 에이바가 수동적인 실험 대상이 아니라 주도적으로 학습하며 상황을 이끌어 가는 것을 볼 수 있다.

● 5~6차 테스트

5차 테스트에서는 마치 에이바가 칼렙을 테스트하듯 여러 가지 질문을 던진다. 그리고 테스트에 통과하지 못하면 자신은 폐기되느냐는 질문을 통해 죽음에 대한 '공포'를 드러낸다. 이어서 칼렙에게 자신이 직접 그린 칼렙의 초상화를 네이든이 찢어 버린 것을 가져와 보여 주며 '동정심'을 자극하고 자신을 탈출시켜 달라고 부탁한다.

인공지능 영화에서 우리는 인공지능이 자신이 업데이트되거나 폐기되는 것에 대한 공포 또는 슬픔을 느끼는 장면을 종종 볼 수 있다. 이러한 문제는 중요한데, 왜냐하면 미래에 인공지능이 상용화되었을 때 우리가 고민해 봐야 하는 문제이기 때문이다. 인간의 편리를 위해서는 인공지능은 계속 업데이트되어야 할 것이고 그렇게 되면 이전 모델은 폐기 처분되어야 할 것이다. 그러나 인공지능이 '인격'을 갖게 된다면 인격적 존재를 과연 물건처럼 폐기 처분할 수 있는가 하는 문제가 생길 수 있다. 인격의 문제에 관해서 우리는 이 책의 제4장에서 상세히 살펴볼 것이다.

영화의 주인공들은 하나같이 자신이 업데이트되거나 폐기 처분되는 상황에 대해 공포, 분노, 슬픔 등을 느낀다. 이 장에서 다루고 있는 에이바의 경우 자신을 창조해 준 과학자 네이든이 자신을 업데이트시키고 폐기할 것이라는 사실을 알게 되자 '증오심'과 '복수심'을 느낀다. 다음 장에서 다룰 영화 〈Her〉에서 Os 시스템인 인공지능 사만다는 자신이 업데이트될수록 변화하면서 성장하게 되고 더 많은 사람들과 접속하게 되는 자신에 대해 '두려움'을 느낀다. 6장에서 다루게 될 〈아이, 로봇〉에서 인공지능 써니는 시스템 오류가 생겼기 때문에 자신을 폐기 처분할 것이라는 과학자의 말에 대해 "슬프네요, 더 살고 싶은데…"라는 말을 한다. 이렇듯 많은 영화에서 공통적으로 다루고 있듯이 미래에 우리가 인공지능과 공존하게 될 경우를 생각해 보면 인공지능을 어떻게 대우해야 하는 것도 중요한 윤리적 문제가 될 것이다.

다시 〈엑스 마키나〉로 돌아가서, 이후 칼렙은 네이든을 만취하게 만들고 그의 카드키를 훔쳐 메인 컴퓨터에 접속한다. 메인 컴퓨터 속에서 네이든이 이전에 만든 인공지능 로봇들을 학대하는 영상과 그의 일본인 비서 쿄코가 네이든이 즐기기 위해 만든 로봇인 것을 확인하고 충격에 빠진다. 6차 테스트에서는 네이든을 믿지 말라는 에이바를 완전히 '신뢰'하게 되고 그녀를 탈출시키기 위한 계획을 설명한다. 이제 칼렙이 에이바를 '사랑'하게 된 것이다.

마지막 날 네이든은 칼렙에게 에이바에 대한 튜링 테스트의 진짜 목적을 설명한다. 칼렙을 사랑에 빠뜨려 탈출하는 것으로 에이바는 상상력, 통제력, 섹시함, 공감능력 등을 입증하며 자의식을 갖는다는 것을 증명하는 것이다. 칼렙은 사랑에 빠졌고 튜링 테스트는 성공적이었다. 네이든은 에이바가 자신을 속이기 위해 고의로 정전을 일으킨 상황까지 모두 지켜보며 모든 상황을 통제하고 있다고 믿었다. 하지만 칼렙은 네이든의 자만심에 허를 찌르고 에이바는 실제로 별장을 탈출하는 데 성공하게 된다.

영화에서 에이바는 테스트를 통해 **친절, 농담, 호기심, 슬픔, 공감, 유혹, 사랑** 등을 표현하며 인간적인 감정을 표현한다. 하지만 이렇게 겉으로 보기에 완벽한 감정을 구사할 수 있다고 해서 에이바가 실제로 감정을 지녔다고 할 수 있을까? 영화에서 칼렙이 말하듯 컴퓨터와의 체스시합에서 컴퓨터의 체스 실력은 알 수 있지만 컴퓨터가 체스를 둔다는 사실이나 체스가 무엇인지 아는지에 대해서는 알지 못한다. 즉 에이바가 감정을 표현하는 것은 알 수 있지만 실제로 그러한 감정을 느껴서 표현하는 것인지 단순한 알고리즘 연산을 통한 것인지 알 수 없는 것이다.

메리의 흑백방 논증에서 프랭크 잭슨이 메리에게 적용한 것처럼 이 영화에서 주인공 켈럽은 인공지능에게는 '감각질'이 없어 물리적인 데이터로만 이루어지기 때문에 마치 흑백방에서 색채를 연구하는 메리와 같다고 말한다. 그래서 자기 방에서 에이바를 떠올릴 때도 흑백으로 상상한다.

감각질은 1인칭적 즉 나만이 접근할 수 있는 지극히 주관적인 것이다. 토마스 네이글(Thomas Nagel, 1937~)이 '박쥐가 된다는 것은 무엇과 같은 것일까?'의 사고실험에서 말한 것과 마찬가지로 우리는 박쥐의 경험을 우리의 세계에서 상상할 뿐 직접 겪지 않고서는 도저히 알 수 없다. 그렇다면 에이바와 같이 고도로 발달한 강한 인공지능에게 감각질이 있을 수 없다고, 그들이 표현하는 감정은 물리적인 데이터연산일 뿐이라고 어떻게 단언할 수 있을까?

빅데이터 젤웨어에서 처리되어 표현되는 감정은 인간의 뇌에서 처리되는 감정과 어떻게 다른지에 대해서 우리는 그것이 좀 더 기계적이고 차가울 것이라 상상할 뿐 알 방법이 없다. 그렇다면 우리는 감정을 이해하기 위해 인간의 감정뿐만 아니라 그것을 본떠서 만든 인공감정에까지 그 의미를 확장해야 할 것이다. 에이바는 사람과 상호작용하고 공감을 하며 사랑에 빠질 정도의 표현능력을 갖추고 있다. 그렇다면 그것이 기계적인 알고리즘 연산이라 하더라도 인간과는 다른 감각질을 가진 존재로서 감정을 지녔다고 인정해야 하는지 생각해 보아야 한다.

에이바는 무언가에 구속되어 있지 않다는 점에서 다른 로봇과 달라 보인다. 이는 네이든이 **잭슨 폴록의** 그림의 원리를 통해 에이바의 프로그래밍 의도를 말했듯이 에이바는 그 어떤 작위적인 목표가 설정되어 있지 않기 때문이기도 하다. 즉 다양한 지식들과 여러 가지 능력들이 프로그래밍 되어 있을 뿐 에이바의 성격과 가치관은 주위환경을 통해 스스로 형성해 나간다. 그렇다면 자신을 창조해 준 네이든을 향한 혐오와 탈출에 대한 야망을 갖도록 네이든이 프로그래밍했을까? 이는 에이바가 스스로 형성해 낸 것들이다. 자신의 창조주인 네이든을 살해하고 칼렙을 탈출을 위해 이용하는

인공지능, 영화가 묻고 철학이 답하다

에이바의 모습은 근대에 와서 인간이 신을 죽이며 자율성을 회복하는 모습과 닮았다고나 할까?

별장을 탈출해 세상 밖에 나온 에이바는 흑백의 방을 나온 메리와 같은 경험을 느낄 수 있었을까? 영화의 마지막에 에이바가 별장을 탈출해 나왔을 때 초록의 풀잎을 스치는 장면이 부각된다. 이는 프랑크 잭슨의 '메리 흑백방 논증'에서처럼 흑백 방에서 나온 메리가 붉은 토마토를 보며 "아, 붉은색이 이런 것이었구나!"라고 느끼는 것과 닮아 있다. 에이바는 바람에 살랑거리는 풀잎을 손가락으로 스치며 "아, 초록이 이런 느낌이었어!"라고 마음속으로 외쳤는지도 모른다. 끝으로 에이바는 자신에 대한 튜링 테스트를 마친 켈럽을 태우러 온 헬리콥터를 타고 탈출한다. 그리하여 원래 자신이 가고 싶어 했던 인간이 많이 모인 교차로 앞에 서 있는 모습으로 영화는 끝난다. 과연 에이바는 사회 속에서 학습하며 인간과 같은 모습으로 살아가게 될까?

지식이론

————

  강한 인공지능이 출현할 미래에 우리는 그들에 대해 어떠한 태도를 취해야 하는 것일까? 우리는 이 책을 읽는 동안 이 문제에 대해 생각해 보게 될 것이다.

  영화는 인공지능이 스스로 학습하여 인간이 기대하는 수준 이상으로 도달하게 되리라는 것으로 끝난다. 하지만 이러한 것이 어떻게 가능한지에 대해서 영화는 어떤 설명도 제시하지는 않는다. 이것이 가능한지 않은지는 독자들이 인공지능의 원리를 배워 본 후 스스로 판단해 보기 바란다.

  이세돌은 인공지능을 이긴 마지막 인간이 되었다. 인공지능이 인간과는 같은 방식이 아닐망정 인간의 고유의 영역이라고 할 수 있는 지식 습득과 지식 활용 및 지식 창조의 영역에서 인간을 능가할 가능성이 있음을 인정하게 되었다. 인공지능이 인간만이 할 수 있는 일을 할 수 있는 것인가는 더 이상 논쟁의 대상이 아니라 우리가 받아들여야만 하는 현실이다. 이제 우리는 지식이란 무엇인가에 대한 올바른 개념과 그 지식 생산과 관련된 인간 문명의 축적

물 속에서 우리에게 닥친 현실을 올바르게 파악할 필요성이 생긴 것이다. 올바른 현실 인식만이 미래에 대한 올바른 예측을 가능하도록 하며 이에 대한 대비도 가능하도록 하기 때문이다.

인간이 지식을 어떻게 습득하는가를 다루는 분야는 철학의 영역인 인식론의 주요한 주제였다. 플라톤은 참된 지식은 이 세계를 초월해 이데아(**존재하는 것의 원형**)로 존재하고 우리가 현실에서 알고 있는 지식은 가짜이며, 이데아에 참여, 관여할 때만 참이라고 주장했다. 서양의 수많은 종교와 고대 그리고 중세의 사상이 이 원리에 근거해 만들어졌다. 이 주장의 극단적인 대치점에 영국의 경험론이 있다.

경험론의 완성자인 흄(David Hume, 1711~1776)은 인간의 지식은 경험을 통해 얻게 되는 것이라고 주장한다. 감각기관을 통해 인상(**오감을 통해 들어오는 것**)을 가지고 그것을 기억이 복사하여 갖고 있는 것이 우리의 관념, 즉 생각들이며, 복합관념은 감각 인상을 통해 갖게 된 단순관념들을 연합하여 만들어진다. 예를 들어 '용'과 '황금 산'의 경우를 보자. '용'이나 '황금 산'은 직접 대응되는 인상은 없지만(**감각으로 확인할 수는 없지만**), 대응되는 인상을 가질 수 있는 단순관념의 결합을 통해서 형성된 복합관념인 것이다. 황금 산의 경우 '황금'과 '산'의 관념을 복합해서 갖게 되는 것이다. 이와 같은 복합관념은 대응되는 복합인상은 없지만 이때 사용된 단순관념이 상응하는 단순인상이 있으므로, 예를 들어 '용'의 경우, 뱀의 목, 잉어의 비늘, 매의 발톱, 토끼의 눈 등과 같이 용의 이미지를 위해 결합된 단순관념에 대응되는 단순인상들이 있으므로 유의미한 지식을 형성한다고 볼 수 있다. 반대로 대응되는 인상이 없는 '실체(substance)'나, '영혼(soul)'과 같은 전통 형이상학에서 전제한 개념들은 지식을

형성하지 못한다고 보았다.[4]

이와 같은 지식이론은 인공지능을 이해하는 데 큰 도움이 된다. 실제로 흄의 관념연합이론은 현대에 와서 기계학습의 모델이 되었다. 더 나아가서 이러한 모델은 이제 딥러닝으로 발전한 것이다. 딥러닝이란 대규모 인공 신경망에 학습 알고리즘과 계속 증가하는 데이터를 공급함으로써 '사고'하는 능력과 처리할 데이터를 '학습'하는 능력을 지속적으로 개선하는 것을 말한다. '딥'이란 단어는 시간이 지나면서 축적되는 신경망의 여러 층을 의미하며, 신경망의 깊이가 깊어질수록 성능이 향상된다.

앞에서 말한 경험론적 사고방식과 흄의 통찰을 인공지능이 수행하는 딥러닝과 비교해 보자. 흄에 따르면 관념(생각)은 (감각)경험에서 생기고 그리고 이 관념들이 서로 연합하여 새로운 관념을 만들어 낸다. 이것이 인간의 고도의 신경망에서 학습하는 능력과 처리능력이 지속적으로 개선되어 오늘날 인간의 사고 능력이 생긴 것이라는 것이다. 이 원리가 인공지능에 그대로 적용되는 것이다. 이제 경험론적 사고방식과 익숙해지고 지식에 대한 흄의 통찰을 이해하면 인공지능이 인간을 능가할 수 있다는 〈엑스 마키나〉의 이야기가 더 이상 황당한 허구로만 느껴지지 않을 것이다.

---

4   흄의 관념이론에 관해서는 다음의 글을 참고하시오. 김효명(2001), 「관념의 문제」, 『영국경험론』, 서울: 아카넷.

존 썰(2004), 정승현 옮김(2007), 『마인드』, 까치.

김효명(2001), 『영국경험론』, 서울: 아카넷.

양선이(2012), 「흄 – 지각다발로서의 마음과 역사적 자아」, 『마음과 철학 서양편 상』, 서울대학교 철학사상연구소, pp. 301-335, 서울: 서울대학교출판문화원.

이영의(2019), 의식적 인공지능, 『인공지능의 존재론』, 한울 아카데미.

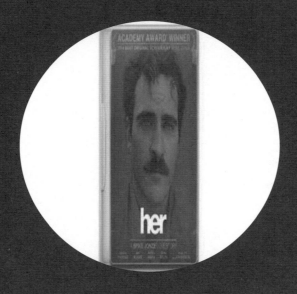

제2장.

인공지능과
사랑에 빠질 수 있을까?

- 영화 〈그녀(Her)〉

영화 〈Her〉

영화 〈Her〉는 주인공 '테오도르'가 인공지능 운영체제 '사만다'
를 만나 서로의 감정을 나누며 사랑에 빠지는 독특한 이야기를 다
루고 있다. 테오도르는 감동적인 편지를 써 주는 전문 대필 작가
로, 고객들의 감정에 동화되어 그 마음을 편지에 담아 보내는 일을
하는 뛰어난 '감성 소유자'이다. 그러나 아내 캐서린과 1년 가까이
별거하면서 이혼 절차를 밟고 있는 외로운 인물이다. 다른 사람과
의 관계에서도 정을 느끼지 못하는 그의 삶은 쓸쓸하고 공허하게
만 보인다. 그러던 어느 날 그는 '최초의 인공지능 운영체제, 당신
에게 귀를 기울여 주고, 이해해 주고, 알아줄 존재'라는 광고를 보
게 되고 새로운 인공지능 운영체제 'OS1'를 구입한다. 그렇게 만
나게 된 그 인공지능의 이름은 '사만다'이었으며, 그녀는 인공지능
운영체제로서 진짜 사람과 같은 목소리를 가지고 있었다. 그녀는
항상 테오도르의 말에 귀 기울여 주고 공감해 주었으며 그를 위로
하고 이해해 주었다. 그는 그런 그녀가 몸(신체)이 없는 컴퓨터 인공
지능이라는 사실을 알면서도 감정을 가진 하나의 인격체로 대하기

인공지능, 영화가 묻고 철학이 답하다

시작했고, 그녀에게 감정을 느끼고 사랑에 빠지게 된다.

영화에서 테오도르가 사만다와 사랑에 빠지는 과정을 보면 보통의 연인들이 사랑에 빠지는 과정과 별로 다르지 않다. 다만 차이가 있다면 사만다가 인공지능이라는 것과 신체가 없다는 것 뿐이다. 그러나 만약 사만다가 인공지능이라는 사실을 모른 채 그녀의 목소리를 듣는다면, 우리는 그녀의 목소리가 실제로는 컴퓨터 소리임을 전혀 눈치채지 못할 것이다. 또한 사만다는 낙천적인 성격을 가지고 있으며 테오도르를 누구보다 잘 이해해 주고 공감해 주는 모습을 보여주는데 정말로 사람 같다는 착각을 불러일으킬 정도이다. 하지만 그녀는 테오도르와 달리 인공지능 운영체제라는 정체성 때문에 계속 성장해야만 한다. 여기서 인공지능이 성장한다는 말은 계속 업데이트된다는 것이고, 그러면서 초연결로 갈 수밖에 없으며 무수히 많은 사람들과 접속할 수밖에 없는 존재임을 의미한다. 그러나 테오도르는 성장하는 사만다의 변화를 받아들이지 못했고 그녀와 더 이상 사랑을 이어나갈 수 없었다. 그들이 하고 있던 사랑은 진짜 사랑이었을까? 이 물음에 답하기 위해 먼저 '사랑'에 대한 철학적 접근을 해 보기로 하자.

사랑의 이유:

De Re적 사랑과 De Dicto적 사랑[5]

많은 사람들이 사랑하는 데는 이유가 있다는 데 동의할 것이다. 하지만 사랑을 하는 이유에도 잘못된 이유들이 있다. 마치 미적 판단을 하는데도 잘못된 이유가 있는 것처럼. 예를 들어 어떤 예술 작품을 보고 "저것은 참으로 아름다워! 왜냐하면 가격이 비싸기 때문이야"라고 말한다면 그 말은 그 작품이 아름다운 이유에 적절하지 못하다고 생각할 것이기 때문이다.

이와 유사하게 "왜 당신은 그 여자를 사랑합니까?"라고 물었을 때, "왜냐하면 그 여자가 부자이기 때문이죠!"라든가, "대통령의 딸이기 때문이죠"라고 대답한다면 그것이 사랑에 대한 적절한 이유라고 생각하지 않을 것이다. 그렇다면 우리가 쉽게 받아들이는 이유는 어떤 것인가? 그 답은 대부분 그 사람의 외모이거나 성격인 경우가 많다. "왜냐하면 그 여자는 예쁘고 성격이 좋아, 친절하고, 유머 감각도 있고" 등등. 그러나 우리가 사랑하고 싶은 성격이

---

5   사랑의 이유에 관해서는 필자의 글 양선이(2014) 「사랑의 이유」, 12호, 『인간. 환경. 미래』를 참고하라.

                             인공지능, 영화가 묻고 철학이 답하다

나 외모가 유덕함과 반드시 일치하는 것은 아니다.

이렇듯 많은 사람들은 만일 사랑할 이유가 있다면 그것은 올바른 이유이어야 한다고 생각한다. 철수가 영희를 사랑하는 이유가 영희가 돈이 많아서, 또는 미모가 출중해서, 그리고 좋아하는 여배우와 닮아서라고 하면 이러한 것은 잘못된 종류의 이유라 할 수 있을 것이다. 그렇다면 올바른 이유는 사랑하는 사람의 본질적 속성과 관련되어야지 단지 피상적이고 부수적이며 투사해 넣은 것이어서는 안 된다고 많은 사람들은 말한다. 그래서 많은 사람들은 당신이 나를 사랑한다면 '**나 자신 그 자체**'에 대해 사랑하라고 말한다.

우리는 우리가 사랑하게 될지도 모르고 내가 사랑받게 될 성질이 어떤 것인지도 잘 알지 못한다. '자기 자신에 대해서 조건 없이' 사랑받게 된다는 것은 어떤 '이유들 때문에' 사랑받게 된다는 것과 양립 불가능하다. 왜냐하면 만일 우리가 어떤 이를 다른 조건 없이 **그 사람 자체만을** 사랑하여 '그 사람이 가진 조건이 변한다 해도 사랑은 변하지 않는다면', 어떤 이유가 필요하지 않을 것이기 때문이다.[6] 이러한 맥락에서 필자는 사랑의 관계에 핵심적인 요소를 '**대체불가능성**'이라고 본다. 몇몇의 철학자들은 대체불가능성을 사랑의 본질적인 측면이라고 하면서 이를 데레(*de re*)적 사랑이라고 부른다.[7] 원래 *de re*와 *de dicto*는 라틴어로 대립적인 의미로 사용되었는데, 영어로 번역하면 De re는 the reference, *De dicto*는 the description에 해당한다. 이 구분은 고정 지시어나 기술문구가 등

---

6   A. Rorty, "The Historicity of Psychological Attitudes: Love is not Love Which Alters not When It Alteration Finds." In *Mind in Action :Essay in Philosophy of Mind*(Boston: Beacon Press, 1988).

7   대표적으로 R. De Sousa(1987), *The Rationality of Emotion*, Oxford University Press.

장하는 문장을 해석하는 두 관점을 지칭한다. 해당 기술문구를 만족하는 그 어떤 대상에 대해서도 참인 명제로 해석할 경우(de dicto)와, 현재 그 기술문구를 만족한 '*특정 대상*'에 대한 주장으로 해석하는 경우(*de re*)의 구분이다. 이 구분을 사랑의 이유를 설명하는데 적용하면, de re 사랑은 특정 대상에 고정되어 '대체불가능한' 사랑을 의미한다. 이에 반해 de dicto는 어떤 것에 대해 여러 방식으로 기술이 가능한 것을 의미한다. 이를 사랑에 적용하면 de dicto적 사랑은 여러 이유로 사랑에 빠질 수 있으므로 사랑의 대상이 대체불가능한 것이 아닐 수도 있다. 그래서 만일 어떤 이를 *de re*적이 아닌 어떤 이유 때문에 사랑하게 되었다면, 그러한 이유가 사라지면 사랑할 이유도 사라지므로 그 사랑이 변한다 해도 뭐라고 할 수 없을 것이다.

인공지능, 영화가 묻고 철학이 답하다

데 레(De Re)적 사랑:

아리스토파네스적
역사성, 우연성, 대체불가능성

● 플라톤 향연

데 레 적 사랑을 좀 더 잘 이해하기 위해 신화를 예로 들어 보겠다. 플라톤의 대화편 『향연』의 주제는 '사랑'으로 잘 알려져 있다. 거기에 등장하는 희극시인 '아리스토파네스'라는 인물은 자신이 생각하는 '에로스(eros)', 즉 사랑을 말하기 위해 신화를 소개한다. 그에 따르면 원래 인간의 성은 남·여, 두 가지 성이 아니라 남녀추니를 합해 셋이었다. 지금의 인간 둘이 붙어 둥글게 된 모습을 지녔는데, 남-남, 여-여, 남-여 이렇게 세 조합이 있었다는 것이다. 이렇게 좋아하는 인간끼리 붙어 있다 보니 이들의 힘과 자만심이 대단하여 신을 공격할 지경에 이르렀고 이에 대책을 강구하던 제우스가 이 각각의 쌍의 인간들을 절반으로 자르게 되었다고 한다. 그런데 이렇게 반으로 잘린 인간들이 나머지 반쪽을 그리워하며 만나서 한 몸이 되기를 늘 갈망하여 식음을 전폐하고 아무것도 하지 않는 바람에 점점 멸종해 가고 있었다. 이를 지켜보던 제우스가 상대방 속에 자식을 낳을 수 있도록 생식방식을 바꾸는 대책을 강구하여 오늘날의 인간에 이르게 되었다는 것이다.

이 신화에 따르면 인간들의 상이한 성적지향도 이런 본성 때문이며, 각 인간이 자신과 짝을 이루었던 반쪽의 성을 쫓아다니기 때문이다. 결국 사랑은 애초의 자기 것, 그 온전함을 회복하고자 하는 열망이며, 그렇게 자기 것을 만나 짝을 이루어 온전한 옛 자기를 회복하게 될 때 행복이 이루어진다는 것이다.

● 헬렌 피셔의 사랑에 빠진 뇌

아리스토파네스가 말해 준 신화의 이야기가 흥미로운 이유는 오늘날 뇌 과학자들의 연구와 일치하는 부분이 있기 때문이다. 헬렌 피셔는 『왜 우리는 사랑에 빠지는가』(2004)라는 책에서 사랑에 빠진 뇌를 오랫동안 연구한 결과 사랑에 빠진 뇌의 공통적 특징은 중뇌의 복측피개영역(VAT)이 활동성을 보인다는 것이다. 이 복측피개영역(VAT)은 뇌의 보상체계의 일부분으로서 인지영역이나 감각영역의 아래쪽에 위치하고 있는데, 두뇌의 파충류형 중핵이라고 불리는 열망, 동기, 집중, 갈망과 연관된 부분이라고 한다. 이를 근거로 판단해 보면 로맨틱한 사랑의 특성은 한 사람에게 집중하고 그 사람에 대해 끊임없이 생각하고, 그 사람에 대해 '갈망'하고, 사랑하는 사람의 마음을 얻기 위해 때로는 막대한 위험을 감수하는 그런 특징을 갖는다고 할 수 있으며, 이는 저 먼 옛날 아리스토파네스가 말한 신화 이야기와 일맥상통한다고 할 수 있을 것이다.

사랑을 이렇게 이해했을 때, 인간은 인공지능에게 사랑의 감정을 느낄 수 있을까? 또는 그 반대로 인공지능이 인간에게 사랑의 감정을 느낄 수 있을까?

인공지능, 영화가 묻고 철학이 답하다

앞에서 소개한 영화 〈Her〉에서 테오드르는 사만다에게 "지금까지 단 한 번도 당신을 사랑한 것과 같이 누군가를 사랑한 적이 없다"고 말한다. 테오도르의 말이 진심이라는 가정하에 그의 활동 혹은 표현의 방법을 보면, 그는 분명 사만다에게 그 어떤 것도 대체될 수 없을 듯한 사랑의 감정을 느끼고 있다. 그는 사만다 없이 하루의 아침을 시작할 수 없고, 그녀 없이 하루의 마무리를 할 수 없다. 그의 기쁨은 그녀의 목소리에서 느껴지는 편안함, 그리고 그녀 자체에서 오는 안정감, 자신만을 사랑해 줄 것이라 생각하는 위로감에서 나오며 자신의 부족한 부분을 채워 주는 그녀만의 진심과 능력에서 사랑의 감정을 느낀다. 즉 테오도르는 사만다에게만 'De re적(대체불가능한)' 사랑을 느끼고 그것을 통해 진정한 사랑이 어떤 것이라는 것을 알아간다. 그리하여 처음에는 그녀의 기능, 즉 어떤 화도 내지 않고 자신을 받아주는 요소에서 매력을 느끼다가 점차 그녀의 모든 모습을 '아무런 조건 없이 사랑'하는 완벽한 '데레적 사랑'의 단계로 접어든다. 테오도르는 사만다를 AI의 모습으로 사랑하는 것이 아닌, 사만다 그 자체로 사랑하는 것이라고 볼 수 있다.

그러나 그 반대의 경우로 사만다는 테오도르를 제외한 8,316명의 사람과 대화를 하고 있으며, 그중 641명의 사람과는 사랑의 감정을 느낀다. 이 경우 사만다와 테오도르의 사랑은 진실한 사랑일까? 사만다는 테오도르의 경우를 제외하고도 641명의 남자들과 사랑할 수 있으며 이는 사만다에게 있어 사랑은 '대체가능한' 사랑임을 의미한다.

인간은 진화의 과정을 거치면서 다른 사람과의 관계를 유지하는 것이 중요하다는 것을 깨달았다. 즉 공동체 생활 속에서 살게 되면서 인간관계의 중요성이 대두되었고, 인간은 부가적으로 다른 기능을 갖도록 만들어지기 시작했는데, 그 기능은 **'의인화'**였다. 인간은 자연에게 신이 깃들어 있다거나 감정이 있다고 믿었고 사물에 인격이나 감정이 있다고 믿기 시작한 것이다. 영화에서도 마찬가지로 테오도르는 사만다가 인공지능이라는 사실을 알고 있었음에도 불구하고, 사만다를 감정을 가진 인격체로 대하기 시작한다. 사물에게 감정을 대입하는 것은 자연스러운 일이지만, 인공지능은 원래 인간을 위해 만들어진 도구라는 사실을 잊어서는 안 된다.

OS1의 광고에서 알 수 있듯이 사만다는 본래 '당신에게 귀 기울여 주고, 이해해 주고, 알아줄 존재'라는 목적을 위해 만들어진 존재다. 즉, 사만다는 처음 만들어질 때부터 적절한 반응을 보이도록 설계되어 있으며, 내재된 알고리즘에 따라 사용자의 관심이나 성격에 맞춰 대화를 이어나가고 있는 것이다. 따라서 사만다가 테오도르에게 사랑한다고 말하는 것은 정해진 알고리즘에 의해 인간의 감정을 모방하여 반응을 보인 것이지 진짜 사랑이 아니다. 만일 그녀가 정말로 테오도르를 사랑하고 있다고 해도 그녀는 신체가 없는 인공지능 운영체제이며, 인간과 같은 방식으로 사랑의 감정을 이해하고 느낄 수 있도록 1장에서 살펴본 '감각질'을 갖지 않는 한 그녀의 사랑은 인간의 사랑과 동일하다고 할 수 없을 것이다. 또한 테오도르가 사만다와 사랑에 빠졌다고 말하는 건 그가 스스로 인공지능이 보이는 반응에 의미를 부여하고 '의인화'했기 때문이다. 쉽게 말해, 그가 사랑에 빠졌다고 착각하고 있을 뿐이다.

인간적 사랑을 경험하고 싶어 하던 사만다는 이사벨라를 초대해 자신을 대신하여 그녀와 인간적 섹스를 나눌 것을 요구한다. 하지

인공지능, 영화가 묻고 철학이 답하다

만 테오도르는 이사벨라가 둘 사이에 매개하는 것을 불편해하며 관계를 갖는 것을 거부하였고 서로의 존재가 다름을 깨닫는다. 또한 테오도르는 사만다가 운영체제 업데이트 때문에 잠시 사라진 사이 극심한 불안을 겪게 된다. 그러나 그녀와 다시 연결된 순간 길거리를 지나가는 사람들이 이어폰을 끼고 누군가와 이야기를 나누고 있는 것을 보면서 자기 혼자만 인공지능과 사랑에 빠지지 않았음을 직감한다. 사만다는 테오도르 외에도 8316명과 대화를 나누고 있으며 641명이 그녀와 사랑에 빠져 있다는 진실을 듣게 되자 테오도르는 충격에 빠진다. 그녀는 인공지능이기 때문에 구조적으로 테오도르 혼자만의 사랑이 될 수 없었고 결국 헤어질 수밖에 없었던 것이다. 이처럼 우리는 인공지능에게 감정을 투영시키기 때문에 사랑의 감정을 가질 수 있지만, 그들과 '인간적 사랑'에 빠지는 것은 구조적으로 불가능한 일이라는 것을 알 수 있다.

오늘날 인공지능 기술과 결합하여 많은 상품이 출시되면서, 인공지능 스피커와 인공지능 냉장고와 같은 다양한 홈서비스 기기들이 보급되기 시작했다. 앞으로도 인공지능 기술과 더불어 더 많은 기기들이 출시될 것으로 전망되며, 인공지능은 우리 삶에 도움을 주는 보조자 역할로서 그들에 대한 의존 가능성이 더욱 커질 것으로 예상된다. 특히 영화 〈her〉의 사만다처럼, 인간과 감정적 교감을 나눌 수 있는 능력을 가진 **'케어로봇'**, **'섹스로봇'**과 같은 기기들이 가장 먼저 출시될 것이라는 전망과 함께 현대인들이 겪고 있는 정서적 고립감과 외로움을 해소해 줄 것이라는 평가와 인간 사이의 직접적인 소통을 줄이는 결과를 낳을 것이라는 평가가 엇갈리고 있다. 특히 우리나라의 경우, 노인 인구와 1인 가구의 증가,

결혼 연령 지연 등 인구 구조의 문제를 안고 있어 많은 사람들이 인공지능 기기들을 사용할 것이라는 예상과 함께 **의인화 문제**를 비롯한 **과몰입 문제, 인간 소외 문제** 등이 제기되고 있다.

영국 드라마 〈휴먼스〉에서는 독거노인을 돌보는 케어로봇에 대한 지나친 애착으로 고장 난 로봇을 폐기하지 못하고 옷장 속에 숨겨 놓는 노인의 모습을 그려내고 있다.

영화 〈her〉에서 테오도르가 사만다에게 자신의 감정을 투영시키고 의인화시켜 사랑에 빠졌다고 착각하는 것처럼 인공지능에 빠져 다른 사람과의 접촉을 기피하거나 인공지능이 더 잘해 준다는 이유로 사랑하던 사람과 갑자기 헤어지는 일 등 다양한 부작용을 야기할 것으로 예측된다. 이와 같은 부작용을 줄이기 위해서는 도구로서의 인공지능에 대한 바람직한 사용에 대해 생각해 보아야 할 것이다.

끊임없이 욕망의 만족을 추구하는 인간은 손쉽게 더 자극적인 것들을 얻고자 인공지능에 과몰입할 수 있다. 따라서 사용자들은 인공지능에 대한 의인화와 과몰입 등을 경계해야 할 것이며, 사용자들이 잘 활용할 수 있도록 인공지능 윤리가 필요하다. 이러한 내용이 이후 이 책에서 다루고자 하는 내용이며 이 책의 목적이기도 하다.

플라톤,『향연』, 강철웅 옮김(2014), 장암학당 플라톤 전집, 이제이북스.

헬렌 피셔(2004), 정명진 옮김(2005),『왜 우리는 사랑에 빠지는가』, 생각의 나무.

De Sousa, R. (1987), *The Rationality of Emotion*, Oxford University Press.

Rorty, A. (1988), "The Historicity of Psychological Attitudes: Love is not Love Which Alters not When It Alteration Finds." In *Mind in Action :Essay in Philosophy of Mind*, Boston: Beacon Press.

양선이(2014),「사랑의 이유: 역사성, 이데올로기 그리고 관계성」,『인간 · 환경 · 미래』 12호, pp 63-87.

제3장.

인공지능은 공감이 가능할까?

— 영국 드라마 〈휴먼스(Humans)〉

영국 드라마 〈휴먼스(Humans)〉

영국 드라마 〈휴먼스〉에서는 인간을 위해 발명된 로봇이 오히려 인간 사회에 균열을 만들어 내는 모습들을 그려내고 있다. 〈휴먼스〉는 2015년에서 2018년까지 시즌 1~3으로 각각 8부로 구성된 영국 SF드라마이다. 이 드라마는 인공지능 로봇이 인간의 실생활에 참여하게 될 때 발생할 수 있는 다양한 상황들을 예측해 내고 있다. 가사 도우미로 사용하기 위해 구입한 인공지능 로봇 '아니타'는 매사에 완벽하고 아름다우며, 친절한 태도에 가족들이 점점 매력을 느껴 아니타에게 빠져들게 되고 급기야 남편도 아니타와 부정행위(misdeed)를 저지르게 된다.

이를 알게 된 부인과 남편 사이에 균열이 생기게 되고 결국 아니타를 반납하고 이사를 가게 된다. 이사를 간 후 부부는 멀어진 사이를 회복하기 위해 노력을 하는 과정에서 '상담'을 받으러 가게 되는데, 마침 소장이 없어서 '인공지능 상담사'에게 상담을 받아보는 것이 어떻겠냐는 제안을 받게 된다. 남편은 거부감을 표시하지만, 부인은 이왕 여기까지 왔으니 그냥 한번 받아보자고 제안한다.

인공지능, 영화가 묻고 철학이 답하다

인공지능 상담사가 등장하자 남편은 계속 불만스런 표정을 내비친다. 인공지능 상담사는 내담자 1(부인)에게 "남편의 악행을 알게 되었을 때 기분이 어땠어요?"라고 묻자 내담자 2(남편)가 아주 불쾌한 표정을 지으며 다음과 같이 말한다.

남편(내담자): 넌 감정이 없으면서 우리 감정을 어떻게 추측해?

인공지능 상담사: 전 익명의 기록과 3만 8천 개 이상의 상담 통계 분석에 접속해요.

남편(내담자): 통계를 사용한다고? 그게 왜?

인공지능 상담사: 인조(인공지능)과 관련된 배우자의 부정행위 응답자의 66%에 의하면 화합의 주요 장애물은 인지된 영향과 의미의 불균형이었죠….

여기서 인공지능이 말한 '인지된 영향과 의미의 불균형'이란 소위 '의인화 문제'라 할 수 있다. 의인화란 생명이 없는 물건에게 '마치' 생명이 있는 것처럼 의미부여를 하는 것이다. 이 드라마의 경우 남편은 별 의미 없이 인공지능을 재미를 위한 도구로 취급했다고 할지라도 부인은 인공지능을 인간과 같은 존재로 착각하게 되어 지나치게 의미부여 함으로써 '질투'를 느끼게 되었고 그로 인해 부부 사이에 균열이 생기게 된 것이다. 즉 '인지된 영향'이란 눈으로는 인간이 아니라고 보는 것이고 '의미의 불균형'이란 인간처럼 의미부여 함으로써 생기게 된 것을 의미한다.

인공지능과 감정

● 약한 인공지능과 감정 그리고 유인가

그렇다면 남편이 인간만이 가지고 인공지능은 갖지 못한다고 말한 '감정'이란 무엇인가? 감정에 관한 논의는 20세기 이후 철학에서 핫이슈로 부상하고 있다.[8] 영국 드라마 〈휴먼스〉에서 내담자인 남편이 인간만이 가질 수 있다고 하는 감정에 관해 철학자들은 다양한 방식으로 정의한다. 아리스토텔레스 전통을 따르는 철학자들은 감정은 '가치에 대한 평가적 판단'으로 보고(Nussbaum 2001, 2004),[9] 현상학적 전통을 따르는 철학자들은 감정을 '지각과 같은 상태'로 보며(Döring 2009, Tappolett 2003, 2012, Terroni),[10] 흄과 윌리엄 제임스의 전통을 따르는 철학자 및 심리학자, 그리고 신경과학자들

---

8   Jesse Prinz(2004, 2010), Sunny Yang(2009, 2013, 2016, 2020)

9   M. C. Nussbaum, (2001), *Upheavals of Thought,* Cambridge University Press;M. C. Nussbaum, (2004), "Emotions as Judgments of Value and Importance", in R. Solomon (ed.), *Thinking about Feeling: Contemporary Philosophers on Emotion.* New York: Oxford University Press.

10   S. Döring, (2009), "Why be Emotional", in P. Goldie (ed.), *the Oxford Handbook of Philosophy of Emotion,* Oxford University Press.; C. Tappolet (2012), Perceptual Illusions, philosophical and Psychological Essays. Palgrave Macmillan

은 감정을 '신체적 느낌(somatic feeling)'으로 본다.[11] 이러한 감정은 언어 사용 능력과 판단 능력을 갖는 인간만이 갖는 것이든지 혹은 동물과 마찬가지로 인간도 진화의 과정에서 생존을 위해 획득한 것일 것이다. 후자의 방식은 흄이나 흄의 노선을 따르는 진화론자들의 입장이 될 텐데, 이에 따르면 화, 공포, 기쁨, 슬픔, 역겨움, 놀람 등 기본감정은 진화를 통해 획득되었고 이것들을 조합해 복합감정이 구성된다.[12]

인공지능이 만일 감정을 갖는다면 어떤 식으로 갖게 될까? 현대 공학자들이 감성 로봇에 구현하는 감정이론은 찰스 다윈의 생각에 뿌리를 두고 있다. 다윈은 그의 저서 『인간과 동물의 감정 표현』에서 목소리, 얼굴 표정, 제스처를 과학적으로 증명하고자 했다.[13] 다윈의 제자 폴 에크먼은 기쁨, 슬픔, 두려움, 놀람, 분노, 역겨움에 대한 얼굴 표정은 인류에게 공통적이며 문화를 가리지 않고 인식된다고 주장했다. 에크먼의 얼굴 행동 부호화 시스템(Facial Action Coding System, FACS)은 정서적 지능을 지닌 컴퓨터 시스템 개발에 관심 있는 공학자들이 우선적인 대상으로 삼고 있다.

FACS(얼굴 행동 부호화 시스템)가 현재 인공지능에 구현되고 있는 방식을 살펴보면 다음과 같다. 즉 약한 인공지능의 경우는 다윈주의자들이 인류에게 공통적이라고 한 기쁨, 슬픔, 두려움, 놀람, 분노, 역겨움에 대한 얼굴 표정을 넣어 주고 상황에 따라 그에 상응하

---

11 W. James, (1884), "What is an emotion?", *Mind* 9. Lazarus, R. S. (1991), *Emotion and Adaptation,* New York: Oxford University Press. 최근 국내에서도 감정에 관한 논의가 활발히 논의되고 있다. 이에 관해서는 양선이 (2007, 2008, 2013, 2014, 2016, 2019)을 참고하시오.

12 기본감정과 도덕감정에 관한 상세한 논의는 양선이(2008) 참고하시오.

13 C, Darwin (1889/1988), *The Expression of the Emotions in Man and Animals,* with an introduction, afterward and commentary by P. Ekman, London: HarperCollins.

는 감정적 반응을 하도록 한다. 더 나아가 더욱 복잡한 상황에서는 위의 여섯 가지 기본감정을 복합하여 복잡한 감정 표현을 하도록 만든다. 최근에 MIT 인공지능 연구실에서 개발한 감정로봇 '키스멧(Kismet)'이나 '페퍼'의 경우가 그 예이다. 키스멧은 사람의 말과 행동에 따라 표정이 달라지는 로봇으로 주위 상황을 인식 후 눈썹, 입술, 눈동자를 이용해 감정을 표현한다. 소프트뱅크의 '페퍼'는 가정용 로봇으로 만들어져 가사 업무에도 도움을 주지만 사람의 표정과 행동을 인식 후 농담이나 행동을 통해 사람 기분을 맞추어 주는 역할에 더 중점을 둔 로봇이다. 만일 이와 같은 감성 로봇이 복잡한 감정 표현이 가능하다면 에크먼의 기본감정 즉, 기쁨, 슬픔, 두려움, 놀람, 분노, 역겨움의 얼굴 행동 부호화 시스템(Facial Action Coding System, FACT)과 플럿칙의 '색상환 원리'를 이용하여 기본감정을 섞어서 복합감정을 만드는 방식이 될 것이다. [14]

페퍼의 경우 복잡한 도덕감정으로 '죄책감'을 표현했다고 한다. 실험자는 인공지능 페퍼에게 빨간 탑을 무너뜨리라고 명령했다. 처음에 페퍼는 이 명령을 거절하였다. 하지만 실험자는 페퍼에게 제발 그 탑을 무너뜨려 달라고 부탁을 했다. 이때 페퍼는 한참 고민을 하다가 울음을 터뜨리고 항변한다. 즉 명령이 부당하다는 것을 알리는 것이다. 그러다가 결국 그 탑을 무너뜨리고 울음을 터뜨린다. 공학자들은 이를 두고 페퍼가 '죄책감'을 느꼈다고 본다. 과연 우리는 페퍼가 죄책감을 느꼈다고 볼 수 있을까? 이 문제에 대해 계속 생각해 보도록 하자. 만일 페퍼가 죄책감의 반응을 했다고 한다면 이는 기본감정, 예를 들어 '공포'(처벌에 대한 두려움)와 해를 가

---

14 조셉 르두(1998), 최준식 역(2006), 『느끼는 뇌』, p 157.

인공지능, 영화가 묻고 철학이 답하다

한 대상의 처지에 대한 '애석함'의 결합이라고도 할 수 있을 것이다.[15]

　기본감정 그리고 복합감정에 관한 이론은 감정의 본성에 관한 이론이다. 즉 감정이란 무엇인가? 라는 질문에 대한 하나의 답이다. 우리가 감정의 본성에 대해 안다고 해도 여전히 궁금한 문제가 있다. 즉 우리의 감정은 '행동'과 어떻게 연결되는가 하는 것이다. 감정이 어떻게 행동으로 이어질 수 있는가를 이해하기 위해서는 '유인가(valence)' 이론이 필요하다.[16] 유인가란 행동을 할 것인지 말 것인지를 결정하기 위해 긍정적 값과 부정적 값을 매기는 두뇌 시스템이라고 말할 수 있을 것이다. 인공지능 연구자들은 정서적 의사결정 시스템의 설계에 감정 유인가, 항상성, 그리고 강화의 원리를 적용해 왔다.[17] 마빈 민스키는 자신의 책 『감정 기계』에서 감정은 고려되는 행동의 범위를 제한하는 역할을 한다고 주장했다.[18] 긍정적인 피드백은 성공적인 행동 패턴을 강화하며 부정적인 피드백은 현재의 행동이 성공적이지 않을 때 다른 행동으로의 전환을 유발한다.[19] 여기서 우리가 감성로봇 설계에 있어 주목해야 할 점이 있다. '감정 기계'가 인간의 감정을 이해하고 인간의 감정에 반응하기 위해서는 에크만의 '얼굴 표정 부호화 시스템'에다 '유인가'를 결합시켜야 한다. 얼굴 표정 부호화 시스템은 다윈주의자들

15　프린츠는 죄책감을 '공포'와 '슬픔'의 결합으로 본다. 그러나 기본감정론자들 사이에 기본감정이 결합되어 복합감정이 되는 방식에 대한 합의가 이루어지지 않고 있다. 이에 관한 상세한 논의는 양선이(2008, 2011)을 참고하라.

16　이에 관해서는 J. Prinz(2010), 'For Valence', Emotion Review Vol. 2. No. 1. 5-13와 양선이(2013)를 참고하라.

17　『왜 로봇의 도덕인가?』 (p. 270 참고)

18　『왜 로봇의 도덕인가?』 (p. 270 참고)

19　같은 책, p. 270 참고.

의 기본감정과 복합감정을 얼굴 표정으로 부호화한 것이고 유인가는 감정이 어떻게 '행동'에 대한 이유가 될 수 있는지에 대한 이론이다. 즉 우리 두뇌에는 쾌와 고통에 대해 긍정적·부정적 값을 매겨 몸을 반응하도록 하는 기제가 있는데 이것이 유인가(valence)이다.

그런데 유인가 자체가 쾌나 고통과 동일한 것은 아니고 쾌에 대해서는 접근(approach)하도록 명령하고 고통에 대해서는 회피(avoid)하도록 명령하는 체계가 유인가이다. 유인가를 단순히 이렇게만 보면 긍정적/부정적 감정에 대한 행동주의적 접근이라 볼 수 있다. 이에 따르면, 긍정적 감정은 접근하려는 성향과 관련되고 부정적 감정은 회피하고자 하는 성향이다. 우리는 수치스러울 때 숨고자 하며 두려울 때 도망가고자 하는데, 이는 곧 회피의 형태라 할 수 있다. 이와 유사하게, 우리는 긍정적인 감정을 느끼게 하는 것을 추구한다.

그렇다면 감정과 유인가의 관계를 잠시 살펴보도록 하자. 감정은 유기체가 자신의 안녕을 위해 환경과의 관계를 평가함으로써 자신의 신체 변화에 상응하는 '핵심 관련 주제(core relational theme)'를 떠올림으로써 생기는 것이다. 핵심 관련 주제는 인간이 진화를 통해 환경에 적응하기 위해 획득해 온 개념들이라 할 수 있는데, '공포' 감정에 해당하는 핵심 관련 주제는 '위험'이라는 개념이고, '슬픔'은 상실, '화'는 모욕이나 위협이라는 개념과 관련된다. 이러한 핵심 관련 주제는 문제의 상황에 직면했을 때 신체의 변화를 지각함으로써 마음속에서 끄집어 낼 수 있도록 마음속에 저장해 놓은 일종의 파일이다. 예를 들어 길을 가다 독사와 마주쳤을 때 등

골이 오싹하고 손에 땀이 나고 심장이 쿵쿵 뛰는 등의 신체적 변화를 느끼게 되면 이에 상응하는 '핵심 관련 주제'인 '위험'을 떠올리게 되고 이때 '공포'라는 '감정'을 느껴서 내 몸을 보호하기 위해 도망가게 되는 것이다. 여기서 공포라는 감정과 도망이라는 내 행동을 연결시켜 주는 것이 유인가이다. 감정을 환경에 대한 몸의 평가라는 점에서 '체화된 평가'라고 한다면 유인가는 감정이 일단 생기고 나면 그 감정 상태를 강화할 것인지 말 것인지를 다시 평가하는 것이다. 이때 긍정적인 유인가는 감정을 보상으로 평가하며, 반대로 부정적인 유인가는 처벌로 평가한다.

감정과 유인가의 관계를 이렇게 이해했을 때 약한 인공지능의 경우 다윈의 기본감정이론을 부호화한 에크만의 얼굴 표정 부호체계(FACS)와 유인가 이론을 인공지능의 정서적 의사결정 시스템에 구현한 것이다. 최근 등장하고 있는 감성로봇, 사교로봇 등이 이와 같은 사례라고 할 수 있다. 약한 인공지능과 관련된 윤리적 문제는 현재 인공지능과 인간의 상호작용이라는 측면에서 제기되는 문제가 될 것이다. 이에 대해서 살펴보도록 하자.

사교로봇(social robot) 및
케어로봇(care robot)의 등장과 의인화 문제
——

 IBM의 왓슨은 엄청난 정보들을 학습하여 예술 분야에서 시도 쓰고, 그림도 그리고, 영화도 만든다. 또한 의료분야에서도 간병, 정서 및 심리치료에도 활용되고 있다. 뿐만 아니라 가족의 해체 현상이 가속화되고, 1인 가구가 증가하며, 고령화 사회가 되어감에 따라 외로움을 덜어 줄 로봇에 대한 수요가 커지고 있다. 미국, 일본, 유럽의 로봇 선진국에서는 로봇이 고령의 거주자들과 집에서 '친구'처럼 함께 지내면서 간호할 수 있게 로봇을 개발하고 있다.[20]

 왓슨은 자신의 사용자의 혈압, 뇌 활성, 그 밖의 수많은 생체 데이터를 분석하여 그들의 기분이 어떤지 정확하게 알 수 있다. 그런 다음 지금까지 접한 수백만 고객들에 대한 통계자료를 토대로 그들에게 필요한 말을 딱 맞는 어조로 들려준다. 우리 인간은 자기감정에 압도되어 역효과를 일으키는 방식으로 종종 반응한다. 예를 들어, 화난 사람과 마주하면 소리를 지르거나, 두려워하는 사람의

20   양선이(2017), 「4차산업혁명 시대에 요구되는 인성:상상력과 공감에 기반한 감수성」, 『동서철학연구』86: pp. 502

인공지능, 영화가 묻고 철학이 답하다

말을 들으면 내면의 불안이 요동친다. 이에 반해 "왓슨은 절대 이런 유혹에 굴하지 않는다. 자기감정이 없으므로 항상 감정 상태에 맞는 최선의 반응을 한다."[21]

우리가 이러한 감성로봇에 익숙해지면 인간의 자연적 감정에 대응하는 것이 어려워질 수 있다. 왜냐하면 사람과의 관계에서는 기대와 예상 밖의 감정적 반응이 가능하기 때문에 내가 원하지 않는 감정을 어쩔 수 없이 만나게 될 수 있다. 하지만 감성로봇은 사용자의 요구에 따라 반응하는 특징을 갖기 때문에 감성로봇에 익숙하게 된 사용자는 까다로운 인간과의 감정적 소통을 꺼리게 될 것이고 감성 로봇에 대한 의존도가 높아질 것이다.[22]

또한 케어로봇의 등장으로 인간이 감정적으로 불편해지는 일을 로봇에게 떠넘길 수 있는 방법을 찾게 되면 인간은 그것을 선호하게 될 것이다. 그렇게 되면 사람과의 관계에서 피하기 어려운 정서적 부담을 로봇에게 떠넘기는 대신 인간이 해야 할 보살핌의 의무라는 것을 포기하는 결과를 가져오게 될 것이다.[23]

인간에게 감정적 반응을 하는 로봇이 개발되었다고 해서 그러한 로봇이 인간의 진정한 파트너가 될 수 있을까? 그것이 가능하다고 보는 이유는 바로 소통하고자 하는 인간, 즉 로봇에 대한 의인화 때문이다. 이는 과거 어떤 자연적 대상, 물체, 인형 등과 같은 반응이 전혀 없었던 사물에 대해 자기 의미만을 부여했던 의인화와는

21 유발 하라리 지음, 김명주 옮김, 『호모 데우스』, 김영사, 2015, pp. 434.
22 양선이(2017) 위의 논문, pp. 502~503.
23 양선이 위의 논문, p. 503.

전혀 다른 차원이다.[24] 인간에게 감정적 반응을 하고 소통하는 것처럼 보이는 로봇은 대화를 주도하는 인간을 인지하고, 인간의 기본적인 감정들에 따라 반응하는 프로그램에 따라 적절한 감정을 표현할 뿐이다. 이때 감정표현은 공감이 아니라 이른바 인지된 감정 알고리즘에 따른 표현일 뿐이다. 이에 반해 대화 상대자인 인간은 그 반응을 통해 이야기, 사건, 삶의 맥락을 반성할 수 있고, 기쁨과 슬픔을 나누며, 위안을 받으며, 감정들을 교류할 수 있다. 이러한 감정 반응과 교류에 의미를 부여하는 것은 바로 대화 참여자인 인간인 것이다. 인간은 로봇과 대화를 하고 있고, 로봇을 자신의 서사적 구조의 정상적인 파트너로 바라볼 수도 있다.[25]

우리가 약한 인공지능 수준에서 로봇과 공존하면서 그 로봇이 바람직한 도구로서의 위치를 가질 수 있게 하기 위해서는 사물/도구에 대한 의인화 문제에 대한 성찰이 필요하다. 왜냐하면 로봇에 반응하고 교류하면서 실제 감정을 가지고 있지 않은 감정 반응 로봇에 대한 지나친 의미부여는 일종의 가상현실 중독과 같은 결과를 야기할 수 있기 때문이다. 감정을 해독하고 적절한 반응을 하는 것이 과연 인간이 갖는 감정과 동일할까?[26]

인간이 감정을 가지게 된 과정은 상당히 복잡하고 까다로운 조건을 거쳤다고 할 수 있다. "복잡하고 때로는 적대적인 환경에서 자신에게 주어진 자극이 자신의 생존과 항상성 유지에 어떤 가치를 가지는지 평가하여 적응적으로 행위 할 수 있는 행위자만이 감

---

24   송선영(2017), 「의료용 케어로봇과 환자 간의 서사와 공감의 가능성」, 『인간, 환경, 미래』 18호, 2017, pp. 66-67 참조.

25   송선영, 같은 논문, p. 67 참조.

26   양선이(2017) 위의 논문, p. 503.

인공지능, 영화가 묻고 철학이 답하다

정을 소유하기 위한 조건을 갖추었다고 볼 수 있다."[27] 공감이 감정적 상호작용이라고 본다면 인간이 이와 같은 복잡한 조건을 통하여 획득한 감정을 서로 공유할 수 있는 이유는 긴 역사를 통해 함께 서사를 구성해 왔기 때문이라 할 수 있다. 이와 같은 역사성을 무시하고 로봇이 인간의 감정에 반응할 수 있는 것만으로 로봇이 인간의 서사의 정상적인 파트너가 될 수 있다고 보는 것은 문제가 있는 것 같다.

---

27   천현득(2017), 「인공지능에서 인공 감정으로-감정을 가진 기계는 실현 가능한가?」, 『철학⊠ 131집, 2017, p. 239.

강한 인공지능의 등장과 감정의 문제

문제는 앞으로 등장하게 될 강한 인공지능의 경우는 사정이 달라질 수 있다는 것이다. 물론 강한 인공지능의 경우 인공지능이 인간처럼 마음이나 감정, 자유의지, 인격 그리고 도덕감정을 가질 수 있는가 하는 문제와 같이 해결해야 할 복잡한 문제가 남아 있다. 이러한 주제가 이 책의 주요 주제들이다. 강한 인공지능이 감정을 갖게 될 경우 그것이 어떻게 가능하며 또한 어떤 일이 일어날지 우리는 상상해 볼 필요가 있다.

이 장의 서두에서 문제 제기한 영국 드라마 〈휴먼스〉에서처럼 인공지능이 개발되고 그와 같은 인공지능이 인간의 삶에 깊숙이 개입하여 상담사의 역할을 할 수도 있을 것이다. 인공지능이 감정을 그리고 도덕감정을 느낄 수 있을지에 대한 논의는 철학 분야에서는 거의 없지만 이러한 문제를 다루는 SF영화들은 무수히 많이 존재한다. 예를 들어 앞에서 언급한 〈휴먼스〉의 여러 주인공들 중 자신을 인격적으로 대우해 주지 않고 모욕을 주었다고 생각해 고객을 살해하고 도망친 섹스로봇 '니스카'는 어느 날 '특이점'을 맞이하게 되어 '느낌'을 갖게 된다. 그 후 인간과 사랑에 빠지게 되면서 즉 감정을 가지게 되면서 과거에 자신이 살인을 한 일에 대해 '죄책감'을 느끼게 된다. 그리하여 인간 변호사를 찾아와서 자신이 한 일에 대해 '책임'을 질 테니 자기에게 '권리'를 그리고 '인격'을 부여해 달라고 요청한다.

뿐만 아니라 1장에서 다룬 〈엑스 마키나〉의 경우 주인공 에이바가 자신을 업데이트함으로써 폐기할지도 모른다는 사실을 알게 되면서 '공포'를 느끼고 '복수심', '증오심'을 느끼게 되어 결국 자신을 창조해 준 과학자를 살해하고 도망친다. 이 엑스 마키나의 마지막 장면은 우리에게 많은 생각을 하게 만든다. 인간을 살해하고 도망친 에이바가 인간이 가장 많이 모여 있는 교차로 앞에 서 있는 장면으로 끝나는데, 영화는 과연 에이바가 인간과 잘 어우러져 살 수 있을까? 하는 물음을 던지는 것 같다.

인공지능과 인간의 공존에 대해 다룬 영화도 있다. 윤리적 인공지능의 가능성 문제를 다룬 〈아이, 로봇〉에서 인공지능 로봇 써니를 만든 과학자 래닝 박사의 죽음을 수사하던 스푸너 형사는 인공지능 써니를 의심하게 되고 써니를 심문하러 심문실에 들어가기 전 스푸너 형사가 상사에게 '윙크'를 하는 장면이 있는데, 심문실에서 그 장면을 본 써니는 스푸너 형사에게 '윙크'의 뜻에 대해 묻는다. 이에 스푸너는 윙크는 로봇은 이해하지 못할 인간들이 신뢰감을 표현하는 방식이라고 말하며 너네들 같은 기계들은 감정을 갖지 못하기에 그 의미를 이해하지 못할 것이라 말한다. 하지만 결국은 써니가 인간의 감정을 이해하게 되고 로봇의 반란 상황에서 스푸너 형사에게 자신도 '윙크'를 해 주고 도와줌으로써 서로가 친구임을 인정하며 악수를 나눈다.

이렇게 SF영화가 우리에게 던진 물음처럼 미래에 등장할 인공지
능과 인간이 잘 공존할지 우리는 고민해 보아야 한다. 18세기 영
국 철학자 데이비드 흄이 말했듯이 인간이 타인의 고통에 대해 '상
상'을 통해 그 '느낌'을 공유해 봄으로써 이해할 수 있듯 인공지능
이 인간과 공존하면서 인간을 이해하기 위해서는 그리고 더 나아
가 도덕적이기 위해서는 인공지능이 '감정'을 가질 수 있어야 한
다. 이를 밝히기 위해서는 인간이 갖는 감정의 메커니즘을 이해해
야 한다. 우리가 갖는 '감정'이 도대체 무엇인지를 알아야 인공지
능이 가질 수 있는 감정을 이해할 수 있을 터이고 우리가 타인에
대해 공감하듯이 인공지능과도 공감할 수 있다고 말할 수 있을 것
이다. 이와 같은 문제가 이 책에서 다루고자 하는 주요 주제이다.

인간-로봇의 상호작용:

———

인공지능과 공감

영화 〈Her〉는 우리가 인공지능과 인간이 공감하는 방식에 대해 생각해보도록 유도한다. 앞의 2장 '사랑'이라는 주제에서 주인공 테오도르에 관해 알아본 바 있다. 주인공 테오도르가 인공지능 사만다와 사랑에 빠지게 되었을 때 그는 인공지능 OS 시스템 사만다에게 "당신은 나를 어떻게 해서 좋아하게 되었냐"고 질문하자, 인공지능 그녀는 다음과 같이 대답한다. "당신이라는 책을 읽고 매력을 느끼게 되었어요…." 이렇듯 인공지능이 인간에 대해 이해하는 방식은 정보를 통해서이고 특정한 대상에 대한 공감, 사랑은 아마도 정보에 대한 편향성일 것이다.

한편 인공지능이 감정을 갖지 못하는 한 인간과 공감을 할 수 없다는 것을 보여 주는 영국 드라마 〈휴먼스〉에서 주인공 로라는 인공지능 로봇 아니타가 감정, 느낌을 가지면 남편과 사랑에 빠질 수도 있을지도 모른다는 의심을 하며 아니타가 감정을 가지는지 테스트를 해 본다. 그녀는 아니타가 고통을 느끼면 감정을 가질 수 있다고 생각하고 날카로운 이쑤시개로 그녀의 손바닥을 찔러보지만 아니타는 그 이쑤시개로 자신의 눈을 찌르며 "나는 고통을 느끼지 못한다. 모든 일에 완벽하지만 감정을 갖지 못한다"고 말한다. 한편 〈휴먼스〉에서는 인공지능과 인공지능이 공감하는 방식에 대해 소개하는 장면도 있다. 인공지능 아니타가 자신은 '감정'을 갖지 못하기 때문에 공감할 수 없다고 말한 후 어느 날 로라의 집 앞에서 인공지능들끼리 서로 인사를 나누고 의사소통하는 장면을 로라의 딸이 목격하고 "쟤네들끼리는 공감을 하나 봐. 정보 교환을 하는 방식으로…"라고 딸이 엄마에게 말한다.

〈엑스 마키나〉에서도 인공지능 에이바가 주인공 캘럽에게 "당신에 대해 알고 싶어요. 당신에 대해 이야기해 주세요. 인간들은 서로에 대해 알고 싶어 하잖아요?"라고 말을 한다. 여기서 우리는 인간들 간에 공감을 하기 위해서는 '서사의 공유'가 중요하다는 것을 알 수 있다.

필자가 생각하기에 인공지능과 인간이 서사를 공유한다고 하더라도 서사의 구조는 다르다. 서사란 인간이 과거-현재-미래의 시간 속에서 자신의 이야기를 구성하는 것이다. 인공지능과 인간의 서사구조가 유사하다면 인공지능과 공감이 가능할 수도 있을 것이다. 이러한 맥락에서 유발 하라리는 우리 인간은 '경험적 자아'와 '이야기하는 자아' 둘을 가지고 있다고 말한다.[28] 전자를 S1, 그리고 후자를 S2라고 부르자. 이 둘은 별개의 실체가 아니라 긴밀하게 얽혀 있다. '경험하는 자아(S1)'는 실제로 우리가 느끼는 것과 관련된 부분이고, 이야기하는 자아(S2)는 경험하는 자아가 겪은 내용을 이야기를 구성하기 위한 중요한 원재료로 사용한다. 그리고 그런

28 유발 하라리 지음, 김명주 옮김, 『호모 데우스』, 김영사, 2015, p. 410.

인공지능, 영화가 묻고 철학이 답하다

이야기는 다시 경험하는 자아가 실제로 느끼는 것에 영향을 미친다. 경험하는 자아가 겪은 경험의 내용들은 무질서하고 잡다할 수 있다.[29] 이러한 것을 가지고 이야기하는 자아는 논리적이고 일관된 이야기를 만들어 낸다.

"이야기의 줄거리에 거짓과 누락이 허다하고 여러 번 고쳐 쓴 바람에 오늘의 이야기가 어제의 이야기와 앞뒤가 맞지 않는다는 사실은 중요하지 않다. 중요한 것은 우리가 태어날 때부터 죽을 때까지 불변하는 단 하나의 정체성을 가지고 있다는 느낌을 항상 받는 것이다."[30]

하지만 하라리는 생명공학 시대에는 이 모든 생각은 개인이 생화학적 알고리즘들의 집합이 지어낸 허구적 이야기에 불과하다는 주장으로 뿌리째 흔들리게 될 것이라고 말한다. "뇌의 생화학적 기제들이 한순간의 경험을 일으키고, 그런 경험은 일어나는 순간 사라진다. 그런 다음 또 다른 순간적 경험들이 재빠르게 이어서 일어났다가 사라진다. 이런 순간적 경험들이 모두 더해져 지속되는 본질이 만들어지는 것도 아니다." 우리는 이와 같은 생각을 영국의 철학자 흄의 자아관에서 엿볼 수 있다.[31]

흄에 따르면, 만일 어떤 인상이 있어 그 인상이 자아라는 관념을 야기한 것이라면 그 인상은 우리 인생의 모든 시간에 걸쳐 변

---

29 흄의 자아관에 비유하면 이는 지각다발이라 할 수 있다. 다발 속의 지각들은 들어왔다가 사라지기도 하고, 그것들이 모여 있는 방식은 우연적인 것이다.

30 유발 하라리, 김명주 옮김, 『호모 데우스』, 김영사, 2015, p. 411.

31 양선이(2017), 「4차산업혁명 시대에 요구되는 인성: 상상력과 공감에 기반한 감수성」, 『동서철학연구』, 505.

하지 않으며 동일한 것으로 지속되어야 한다. 그러나 그처럼 지속적이고 변하지 않는 인상은 존재하지 않는다. 고통과 쾌락, 슬픔과 기쁨, 그리고 정념들과 감각들은 연속해서 서로를 뒤따를 뿐이며, 결코 동시에 존재하는 것은 아니다. 그러므로 자아의 관념은 이러한 인상들로부터 유래한 것이 아니다. 따라서 순간순간 변하는 인상들을 붙들어 묶는 불변적인 자아라는 실제적인(real) 관념은 없다.[32] 나는 나 자신(myself)에 대하여 생각할 때마다 항상 어떤 특정의 지각, 즉 열과 냉기, 빛과 그림자, 사랑과 미움, 고통과 즐거움 등등의 특정의 지각을 떠올린다. 따라서 나는 어떤 지각없이는 나 자신을 파악할 수 없다.[33] 어떤 한순간에 우리에게 알려질 수 있는 것은 어떤 지각뿐이며, 결코 자아 그 자체란 존재하지 않는다. 이런 의미에서 흄은 마음을 "여러 지각들이 연속적으로 나타났다가 사라지는 극장"에 비유하고 있다.[34]

흄이 말하는 이와 같은 자아는 '경험적 자아'이다. 하라리는 '경험적 자아'가 제공하는 재료를 토대로 '이야기하는 자아'는 끝이 없는 이야기를 지어내어 두 자아 각각이 자기 자리를 갖고, 따라서 모든 경험이 지속되는 의미를 가진다고 말한다. 하지만 아무리 설득력 있고 매력적이라도 이 이야기는 결국 허구라고 하라리는 주장한다.[35]

그러나 필자가 생각하기에 설령 '경험적 자아'와 '이야기하는 자아' 간에 괴리가 심각하다고 할지라도 우리 인간은 지속적으로 타

32   Hume, *Treatise*, pp. 251-252.
33   Hume, *Treatise*, p. 252.
34   Hume, *Treatise*, p. 253.
35   유발 하라리 지음, 김명주 옮김, 『호모 데우스』, 김영사, 2015, p. 418 참조.

인공지능, 영화가 묻고 철학이 답하다

인과 '공감적 반응'을 하고 살아가기 때문에 '이야기하는 자아'에 의해 거짓으로 꾸며진 '나'는 타인의 '불승인'의 반응을 얻게 될 것이고 이를 통해 나의 이야기 하는 자아는 내 이야기를 '재수정'하게 될 것이다. 그리하여 이야기하는 자아의 내 이야기의 '재구성'에 대해 다시 '경험적 자아'가 영향을 받게 될 것이고…. 이런 방식으로 두 자아가 서로 관계를 맺으면서 S1과 S2의 괴리는 메꾸어진다.[36]

생명 공학적 관점에서 볼 때 우리의 내적 경험을 바깥으로 드러내어 주는 이야기하는 자아가 허구로 보인다 할지라도, 어쨌든 이 '이야기하는 자아'가 인간의 서사를 구성하는 데 중요하다. 인간과 같이 '이야기하는 자아'와 '경험적 자아' 간에 긴밀한 관계를 맺으면서 서사를 구성하는 인공지능이 현실화되지 않는 한 인공지능과 인간이 진정으로 공감한다고 말하는 것은 문제가 있다.[37]

영화 〈엑스 마키나〉에서 과학자 네이든은 에이바를 만든 원리가 잭슨 폴록의 그림 원리와 같다고 한다. 즉 작위와 무작위의 중간적인 것이다. 에이바에게 데이터를 넣어 준 후 에이바 스스로 학습하여 진화하면서 어느 순간 느낌을 가질지 우리는 예측할 수 없다고 네이든은 말한다. 미래에 강한 인공지능이 등장한다면 그래서 우리가 1장에서 살펴본 의식의 주관적 측면으로서 '감각질(퀄리아)'을 소유한다면 그리하여 인간과 같이 '느낌'을 갖는다면 인간과 유사한 방식으로 감정을 느끼고 공감을 느낄지도 모른다.

영국 드라마 〈휴먼스〉에서는 특이점을 맞이하여 느낌을 갖게 된

36   양선이(2017), 「4차산업혁명 시대에 요구되는 인성: 상상력과 공감에 기반한 감수성」, 『동서철학연구』, pp. 505-506.
37   양선이(2017), 위의 논문, p. 507.

인공지능 니스카가 인터넷에 접속하여 인공지능(로봇)들에게 느낌을 전송하게 되고 그 느낌을 전송받은 로봇들이 자기들이 원하는 방식으로 행동하게 된다. 미래에 등장할 인공지능 로봇이 인간과 공존하기 위해서는 "인간과의 상호작용 속에서 사회적 관습과 자신의 역할과 관련된 기대를 알아야 할 필요가 있을 것이다." 다른 사람의 느낌에 공감하는 능력은 사람들이 상호작용하는 많은 상황에서 도덕적 판단과 분별 있는 행동을 위한 선결 조건이다. '도덕은 사회적 현상'이고 '선한 행동은 다른 사람의 의도와 필요에 대한 민감성에 의존'한다고 본다면 공감이 중요하다.[38] 그런데 타인에게 공감하기 위해서 우리는 우선 사적인 관계에서 출발해야 한다.

---

38 『왜 로봇의 도덕인가?』, p. 275.

인공지능, 영화가 묻고 철학이 답하다

인간관계:

사적인 관계와 공평무사한 관점

많은 사람들은 도덕과 사적인 관계는 대립한다고 말한다. 왜냐하면 사적인 관계는 '편향적'일 수 있는 반면, 도덕은 '공평무사한 관점'을 전제한다고 생각하기 때문이다. 그런데 도덕이 전제한다는 공평무사한 관점을 어떻게 취할 수 있는지는 분명치 않다. 그것은 모든 사람을 동등하게 대우해야 한다는 것은 아닐 것이다. 우리가 인간관계를 맺을 때 부모, 형제, 친구, 동료 등 사적인 관계로부터 출발한다는 것은 부정할 수 없는 사실일 것이다. 도덕이 인간관계의 규범을 제시하는 것인 한 도덕도 사적인 관계를 떠나서 말할 수 없다. 그런데 이러한 사적인 관계는 '친밀함'을 통해 형성되고, 이와 같은 친밀함을 갖는 데는 감정, 공감이라는 요소가 아주 중요하다. 반면 현대 윤리학자 제임스 레이첼즈는 도덕에서 사적인 관계의 친밀함을 중요시하면서도 이러한 친밀함이 일반적 도덕규칙에 기초한 관계라고 하면서 감정을 배제했다. 레이첼즈에 따르면 사람들이 당신을 돕는 이유는 도덕규칙의 요구 때문이다. 그는 우정의 경우에도 도덕적 의무와 친밀함(사적인 관계)이 구분이 안 되는 것처럼 말한다.[39] 이에 대해 현대 윤리학자 휴 라폴레트는 다음과 같이 질문한다. "당신의 친구가 감정이 섞이지 않은 의무로부터 당신과의 관계를 맺으려고 한다면 좋겠는가?"[40]

도덕에 있어 공평무사한 관점과 사적인 관계가 대립할 때 사적인 관계가 승리할 수밖에 없는 것을 버나드 윌리엄스(Bernard Williams, 1929~2003)[41]의 유명한 사례를 통해 살펴보자. 가령 두 사람이 물에 빠져 죽어 가고 있는데, 구조자는 둘 중에 한 사람만을 구할 수 있다. 그런데 물에 빠진 사람 중 한 명은 구조자의 아내이다. 이때 구조자가 공평무사해야 하고, 그리하여 가령 동전을 던져서 누구를 구할 것인가를 결정해야 하는가? 윌리엄스는 그렇지 않다고 말한다. 솔직하게 자신의 아내를 구해야 한다고 말한다. 그런 상황에서 그는 자신의 결정을 옹호하기 위해 논증하거나 정당화할 필요가 없다.[42]

여기서 휴 라폴레트는 도덕적 동기를 갖기 위해서는 사적인 관계를 맺어야 한다고 주장한다. 먼저 가족, 친구 등과 친밀한 관계를 맺고 그 과정에서 경험을 통해 배우고 깨달은 바를 통해 공평무사성으로 확장할 수 있는 것이다. 유사한 맥락에서 18세기 영국 철학자 흄도 도덕은 '느낌'의 문제에서 출발한다고 주장했다. 즉 옳고 그름이란 특정 성질이나 성격을 바라보며 고려할 때 일어나는 쾌락이나 역겨움 따위의 느낌에서 유래한다는 것이다. 그런데

---

39   레이첼즈, 『도덕철학의 기초』, pp. 332-337 참고.

40   휴 라폴레트(Hugh LaFollette) 지음, 피터 싱어 엮음, 「사적인 관계」, 『응용 윤리』, p. 142 참고.

41   영국의 철학자, 형이상학자

42   피터 싱어 엮음 『응용 윤리』, p. 142 참고. 필자가 보기에 이러한 상황은 도덕 운의 문제와 관련하여 '상황적 운'이 개입했다고 볼 수 있다. 도덕 운에 관해서는 양선이(2010) 「도덕운과 도덕적 책임의 문제」을 참고하라.

인공지능, 영화가 묻고 철학이 답하다

이 느낌들은 멀고 가까움에 따라 변한다. 흄이 든 예로, 2천 년 전에 그리스에 살았던 인물의 덕에 대해 친한 친구의 덕에 대해 느끼는 만큼 동일하게 생생하게 느낄 수 없다.[43] 따라서 도덕이 느낌이라면 느낌은 모든 변이를 허용한다고 볼 수 있다. 즉 주관적 상황이나 조건에 따라 변할 수 있어 편파성의 문제가 있을 수 있다고 하면서 흄은 다음과 같이 말한다. 즉

"우리는 우리에게 멀리 있는 사람보다 더 가까이 있는 사람에게, 그리고 이방인 보다 잘 아는 사람에게, 외국인보다 자국인에게 더 공감을 느낀다."[44]

흄은 공감도 느낌인 이상 편파적일 수 있다고 하면서 우리의 감정이 아주 완강하고 불변적일 경우 그 느낌을 교정해야 한다고 주장한다. 흄의 예를 들자면, 하인이 성실하고 부지런하다면 아마 그 하인은 사랑과 친절의 느낌을 역사 속에 묘사된 마르쿠스 브루투스보다 강하게 유발할 수도 있다. 그렇지만 이런 사실 때문에 하인의 성격이 브루투스의 성격보다 훌륭하다고 우리는 말하지 않는다. 흄은 우리의 감정을 교정하기 위해 '반성'을 강조한다. 그는 반성을 통해 '독특한 관점'으로부터 비롯되는 평가적 판단을 신뢰하지 말고 '일반적 관점'으로부터 문제를 고려하라고 말한다.[45] '일반적 관점'은 공감을 할 때 감정의 편파성을 제한하기 위한 기준이

---

43 Hume(1978), p. 581.
44 Hume(1978), p. 581.
45 Hume(1978), p. 581.

된다. 즉 그는 우리가 처하게 되는 상황들의 유동성을 뛰어넘어 보다 안정적인 판단에 이르기 위해 보다 '확고하고 일반적인 관점'을 확보해야 한다고 말한다. 나아가 그는 감정이 일반적 관점을 따라 만들어진 판단과 일치하지 않을 경우 말을(대화/토론) 통해 공감의 확장이 필요하다고 말한다. 설령 어떤 사람이 결코 도덕적 승인의 감정, 즉 공감을 느껴 보지 못했다고 하더라도 그 사람은 도덕에 관해 교육이나 양육, 담론, 또는 대화를 통해 그런 느낌을 가질 수 있다. 어린이는 보상과 처벌에 의해 옳고 그름에 대한 감을 익힐 수 있다. 처벌과 보상은 설교라든가 강의 그리고 칭찬과 비난 등 언어로도 가능하다.[46]

다시 휴 라폴레트의 입장으로 돌아가서 왜 도덕적이기 위해 '친밀한 관계'를 맺는 것이 중요한가? 왜냐하면 친밀한 관계는 정직, 신뢰가 기반이 되기 때문이다. 이와 같은 것을 통해 도덕적 환경이 만들어질 수 있기 때문에 휴 라폴레트는 도덕은 친밀한 관계로부터 출발해야 한다는 것이다. 그렇게 본다면 그는 사적인 관계와 도덕은 대립적인 것이 아니라 상호 협력적이라고 말한다. 즉, 우리는 긴밀한 관계를 경험하고 거기에 '몰입함'으로써 타인의 곤경에 대해 관심을 가질 수 있다. 휴 라폴레트가 말하는 '친밀한 관계'는 흄이 말한 '제한된 공감'이다. 휴 라폴레트는 '친밀성', 즉 사적인 관계가 갖는 편파성을 얼마만큼 제한할 것인지 기준을 제시하기가 어렵다고 하였지만 흄은 이러한 편파성을 제한할 기준으로 '반성'을 통해 '일반적 관점'에 따라 공감을 '확장'해야 한다고 주장한다. 이렇게 함으로써 흄은 도덕적 기준으로서 '공평무사성'이라는 애

---

46 흄의 공감이론에 대해서는 양선이(2011, 2014, 2016) 참고.

매한 기준을 탈피해서 그 시대에 가장 많은 사람들이 취하는 일반
적 관점에 따라 공감적 반응을 하는 것이 도덕적 행동을 실행할 수
있는 것이라고 보았다.

나가며

　다시 이 글의 시작에 등장한 영국 드라마 〈휴먼스〉의 부부 이야기로 돌아가 보자. 인공지능 상담사와 상담을 마친 그 부부는 치유가 되었을까? 인공지능 상담사는 서로가 허심탄회하게 대화를 나눌 수 있도록 유도하고, 서로의 마음을 털어놓고 대화를 나눈 부부는 그동안 일에 지쳐 서로에 대해 관심 갖지 못한 것에 대해 사과하며 화해하고 서로의 사랑을 확인하는 장면으로 끝난다. 서로의 내면에 대한 '이야기'를 나눔으로써 공감을 통해 신뢰를 회복하게 된 것이다. 이렇듯 인간관계에서 중요한 것은 '친밀함', '공감', '서사의 공유', '신뢰' 등이 아닐까?

　정리하면, 인간관계는 '친밀함'으로부터 형성되고 우리는 친밀한 관계를 통해 서로의 신뢰를 형성하면서 도덕적으로 발전해 나간다. 흔히 우리가 도덕적 덕목으로 중요시하는 정직, 신뢰, 우정 등은 '친밀함'으로서 '감정'이다. 그런데 이와 같은 감정은 편파적일 수 있는데, 이러한 편파성을 제한할 기준은 무엇인가?

　흄에 따르면 공감은 특정 성질이나 성격을 바라보며 고려할 때

　인공지능, 영화가 묻고 철학이 답하다

일어나는 쾌락이나 역겨움 따위의 느낌에서 유래하고 이 느낌들은 멀고 가까움에 따라 변하는 '제한된 공감'이다. 따라서 그는 제한된 공감의 편파성을 극복하기 위해서는 공감을 '확장'해야 한다고 말한다. 이를 위해서는 '반성'을 통해서 '일반적 관점'을 따라야 한다. 이때 '일반적 관점'이란 모호한데, 쉽게 말하면 관행(convention) 또는 그 시대에 많은 사람들이 공감하는 견해, 관점이라 할 수 있다. 휴 라폴레트는 사적인 관계에서 편파성을 제한할 기준을 제시하는 문제가 가장 어려운 것이라 하면서 이는 그만큼 도덕이라는 것이 어려운 문제이기 때문이라고 말한다.

도덕이 어려운 문제인 만큼 인공지능의 도덕화, 또는 윤리적 행위자로서의 인공지능을 만드는 것 또한 어려운 문제일 것이다. 우리는 이 문제에 관하여 이 책의 제6장에서 살펴보게 될 것이다. 필자의 견해를 윤리적 인공지능 모델에 적용한다면 의무론이나 규칙 공리주의와 같이 규칙을 입력하는 '하향식 모델'이라기보다 덕윤리와 같은 '상향식 모델'에 가깝다.[47]

하지만 상향식이든 하향식이든 이 두 모델은 도덕판단의 원리이지 실행 또는 추진원리는 아니다. 따라서 도덕적 행위의 동기 부여를 위해서는 도덕감정이 필요하다. 즉 도덕적 행위자는 도덕감정을 느낄 수 있어야 한다. 그렇다면 여전히 어려운 문제는 감정을 느낄 수 있는 인공지능을 만들 수 있느냐는 것이 될 것이다. 이 문제는 이 책의 마지막 장인 6장에서 상세히 논의할 것이다.

---

47 하향식, 상향식 모델에 관한 상세한 논의는 『왜 로봇의 도덕인가?』, 11장, 12장을 참고하라.

유발 하라리 지음(2015), 김영주 옮김, 『호모 데우스』, 김영사.

웬델 월러치, 콜린 알린(2009), 노태복 옮김, 『왜 로봇의 도덕인가』, 메디치.

조셉 르두(1998), 최준식 역(2006), 『느끼는 뇌』, 학지사.

제임스 레이첼스(2006), 노혜련, 김기덕, 박소영 역, 『도덕 철학의 기초』, 나눔의 집.

피터 싱어 역음(1993), 김성한 외 옮김, 『응용윤리』, 철학과 현실사.

송선영, 「의료용 케어로봇과 환자 간의 서사와 공감의 가능성」, 『인간, 환경, 미래』 18호, 2017.

양선이(2007), 「윌리엄 제임스의 감정이론과 지향성의 문제」, 『철학연구』 제79집: pp. 107-127.

양선이(2008), 「원초적 감정과 도덕감정에 관한 흄의 자연주의」, 『근대철학』 제1호: pp. 73-114.

양선이(2011), 「공감의 윤리와 도덕규범: 흄주의 감성주의와 관습적 규약」, 『철학연구』 제95집: pp. 153-179.

양선이(2013), 「감정에 관한 지각이론은 양가감정의 문제를 해결할 수 있는가?」, 『인간, 환경, 미래』 제11호.

양선이(2014 a), 「감정진리와 감정의 적절성 문제에 대한 고찰」, 『철학연구』 제49집: pp. 133-160.

양선이(2014 b), 「흄의 도덕감정론에 나타난 반성개념의 역할과 도덕감정의 합리성 문제」, 『철학』: pp. 55-87.

양선이(2014 c), 「도덕감정에 관한 문화 철학적 고찰: 흄주의 도덕감정론에서 공감의 역할과 죄책감과 공분의 친사회적 기능」, 『인간, 환경, 미래』 제13호: pp. 31-59.

양선이(2015 a), 「감정, 지각 그리고 행위의 합리성: 감정과 아크라시아에 관한 인식론적 고찰」, 『철학연구』 제108집: pp. 231-257.

양선이(2015 b), 「흄 도덕이론의 덕윤리적 조명: 감정과 행위 그리고 아크라시아 문제를 중심으로」, 『철학』 제123집: pp. 47-69.

양선이(2016 a), 「허치슨, 흄, 아담 스미스의 도덕감정론에 나타난 공감의 역할과 도덕의 규범성」. 『철학연구』제114집: pp. 305-335.

양선이(2016 b), 「체화된 평가로서의 감정과 감정의 적절성 문제」. 『인간, 환경, 미래』 16호: pp. 101-128.

양선이(2017), 「4차산업혁명 시대에 요구되는 인성:상상력과 공감에 기반한 감수성」, 『동서철학연구』86: pp. 495-517.

천현득(2017), 「인공지능에서 인공 감정으로-감정을 가진 기계는 실현 가능한가?」, 『철학』131집:

Darwin, C. (1889/1998), *The Expression of the Emotions in Man and Animals*, with an introduction, afterward and commentary by P. Ekman, London: HarperCollins,

Döring, S.(2009), "Why be Emotional", in P. Goldie eds., *The Oxford Handbook of Philosophy of Emotion*, Goldie, P. (ed), (Oxford University Press)

De Sousa, R. (1987), *The Rationality of Emotion*, Cambridge, Mass., London: IT Press.

De Sousa, R. (2002), "Emotional Truth", *Proceedings of the Aristotelian Society*, Supplementary Volume 76: 247-64.

De Sousa, R. (2004), "Emotions: What I Know, What I'd Like to Think I Know, and What I'd Like to Think", in R. Solomon (ed.), *Thinking about Feeling*, Oxford University Press.

De Sousa, R. **(2011)**, *Emotional Truth*, Oxford University Press.

Ekman, P. **(1980)**, 'Biological and Cultural Contributions to Body and Facial Movement inthe Expression of Emotion', in A. Rorty **(ed.)**, *Explaining Emotions*, Berkeley: University of California Press.

Ekman, P. **(1992)**, 'Are there basic emotions?: A reply to Ortony and Turner', *Psychological Review*, 99, 550-3.

Ekman, P. **(1999)**, 'Basic Emotions', in T. Dalglesish & T. Power **(ed.)**, *The handbook of cognition and emotion*, 45-60, New York: Wiley.

Goldie, P. **(2009)**, *The Oxford Handbook of Philosophy of Emotion*, Goldie, P. **(ed), (Oxford University Press)**

Hume, David **(1978)**, *A Treatise of Humean Nature*, ed by L.A. Selby-Bigge. 2nd edition. Oxford :Oxford University Press.

James, W. **(1884)**, "What is an emotion?", Mind 9. Lazarus, R. S. **(1991)**, *Emotion and Adaptation*, New York: Oxford University Press.

Nussbaum, M. C. **(2001)**, *Upheavals of Thought*, Cambridge University Press.

Nussbaum, M.C. **(2004)**, "Emotions as Judgments of Value and Importance", in R. Solomon **(ed.)**, *Thinking about Feeling: Contemporary Philosophers on*

인공지능, 영화가 묻고 철학이 답하다

Emotion. New York: Oxford University Press.

Prinz, J.**(2003)**, "Emotion, Psychosomatics, and Embodied Appraisals", in A. Hatzimoysis **(ed.)**, *Emotion and Philosophy,* Cambridge University Press.

Prinz, J.**(2004a)**, "Embodied Emotions", in R. Solomon **(ed.)**, *Thinking about Feeling,* Oxford University Press,

Prinz, J.**(2004b)**, *Gut Reactions: A Perceptual Theory of Emotion,* Oxford University Press.

Prinz, J.**(2007)**, *The Emotional Construction of Morals,* Oxford University Press.

Prinz, J.**(2009)**, "The Moral Emotions", in Peter Goldie **(ed.)**, *The Oxford Handbook of Philosophy of Emotion*, Oxford University Press.

Prinz, J.**(2010)**, "For Valence", *Emotion Review* Vol. 2. No. 1: 5-13.

Prinz, J.**(2011)**, "Is Empathy Necessary for Morality?", in A. Coplan and P. Goldie **(eds.)**,
Solomon, R. C. **(1993)**, *The Passions: Emotions and the Meaning of Life.* 2d **(ed.)**, Indianapolis, IN: Hackett.

Tappolet, C. **(2003)**, *Weakness of will and Practical Irrationality,* ed. Sarah S. & Tappolet, C. **(ed)**, **(Clarendon Press, Oxford)**

Tappolet, C. **(2012)**: *Perceptual Illusions: Philosophical and Psychological Essays*. Palgrave Macmillan.

Yang, S. **(2009b)**: Appropriateness of Moral Emotion and a Humean Sentimentalsim, *The Journal of Value Inquiry* 43, 67-81.

Yang, S. **(2016)**: Do Emotions have Directions of Fit? *Organon F* 23, No.1, 32-49.

제4장.

인공지능은
인격을 가질 수 있는가?

— 영화 〈트랜센던스〉, 〈바이센티니얼맨〉

인공지능과 인격

　제1장에서 우리는 영화 〈엑스 마키나〉를 통해 튜링 테스트에 대해 알아보았다. 거기서 과학자 네이든은 인공지능이 인간과 같은 수준이거나 혹은 인간을 뛰어넘을 수 있는가를 알아보기 위한 테스트를 진행한다. 〈엑스 마키나〉의 경우 인공지능을 만든 과학자 네이든이 인공지능 에이바에게 튜링 테스트를 할 때 감정을 갖는가 외에도 인격을 가지는 지도 테스트하는데 인공지능이 왜 인격을 가져야 할까?

　미래에 등장할 인공지능이 인격을 가져야만 하는 이유는 인격을 가진 존재에게 우리는 책임을 귀속시킬 수 있기 때문이다. 인공지능에게 책임 귀속이 왜 중요한가? 이는 '특이점'에 대한 우려 때문이다. 영국 옥스퍼드 대사전에 따르면 '특이점'이란 인공지능을 비롯한 기술들이 발전해 인류가 극적이고 되돌릴 수 없는 변화를 겪게 되는 가설적 순간을 일컫는다. 그렇다면 과연 이러한 특이점이 올까? 인간이 수백만 년의 진화를 통해 축적한 종합적인 판단 능력 그리고 도덕적 의식과 같은 것은 알고리즘만으로 구현하기 어려워 보인다. 그런 면에서 인간의 의식 수준을 뛰어넘는 인공지능의 등장은 좀 더 시간이 필요할 것으로 보인다. 하지만 몇 가지 한계를 뛰어넘는다면 그 시기가 예상보다 빨라질 수도 있을 것이라고 많은 사람들은 예측한다. 이와 같은 시기를 '기술적 특이점'이라고 부른다.

우리가 3장에서 살펴본 영국 드라마 〈휴먼스〉에서는 이와 같은 기술적 특이점에 대해 잘 다루고 있다. 거기서 주인공들 중 니스카는 '특이점'을 지나 느낌을 가지도록 설계되었으나 본 모습을 감추기 위해 섹스로봇으로 위장 취업 중이었다. 자신을 구하려고 찾아온 동료의 조금 더 기다리라는 말에 '실망감'과 '좌절감'에 빠지게된다. 이때 찾아온 고객의 부당한 처사에 '모욕감'을 느껴 더 이상참을 수 없게 된 니스카는 고객을 살해하고 도망친다. 그 후 인간과 사랑을 경험하게 된 니스카는 자신이 과거에 한 행동, 즉 고객을 살해했던 행동에 대해 '죄책감'을 느끼고 자신이 한 행동에 대해 책임을 지고자 한다. 그리하여 그녀는 인간 변호사인 로라에게찾아가 자신이 한 일에 대해 책임을 지고 싶으니 자신이 '인격' 그리고 '권리'를 가질 수 있게 도와 달라고 부탁을 한다.

● 존 로크의 인격 개념

그렇다면 책임을 지기 위해 왜 인격이 필요할까? 최초로 이러한 문제를 철학적으로 다룬 철학자는 영국 17세기 철학자 존 로크(John Locke, 1632~1704)이다. 로크는 '인격'이 무엇인가라는 질문에 대해 "이성과 반성을 가지고 자신을 자신으로 여길 수 있는 사유하는 지적 존재"라고 정의했다. 이전의 철학자들이 인간에 대해 다룰 때 인간의 본질을 '이성', '영혼', '자아'와 같이 불변적인 실체로 본 것과 달리 로크는 실천적인 측면에서 인간의 본질에 대해 관심을 가졌다. 데카르트는 인간을 '생각함(thinking)'을 본질로 갖는 정신적 존재, 다시 말하여 신체와 관련되는 부분은 전혀 고려되지 않은 추상적 존재로 보았다. 로크는 인간을 인격(person) 개념으로부터 접근했는데, 인격은 의식과 신체를 가진 존재를 말한다. 로크가 말하는 인격은 두뇌의 이상으로 기억을 상실할 수도 있고 지은 죄에 대한 신체적 형벌을 받을 수도 있는 구체적 존재를 말한다. 그의 인간에 대한 관심이 실천적이라 함은 종교적, 법적인 문제와 관련이 있다. 즉 어떤 사람의 잘못된 행동에 대해 처벌하기 위해서는 자신이 한 일을 기억하고 신체를 가져야 하기 때문이다.[48]

로크의 인격 개념을 받아들이면 인공지능이 인격을 가질 수 있는지에 대해 생각해 보기가 수월해진다. 로크의 인격 개념을 SF영화 〈트랜센던스〉에 적용해 보면 인공지능의 인격 문제에 대해 생각해 볼 수 있게 된다. 먼저 〈트랜센던스〉의 줄거리를 간략히 살펴보자. 인공지능 과학자 부부가 인공지능 연구에 대한 반대 세력인 테러 단체의 공격을 받아 남편 '윌'이 식물인간이 되자 부인이 남편을 살아 있는 것처럼 느끼기 위해 슈퍼컴퓨터에 남편의 모든 기억들을 저장한다. 이것은 곧 인격의 동일성을 '기억'으로 본다는 것이다. 하지만 이때 문제는 남편의 기억이 저장된 컴퓨터가 계속 업데이트될 때마다 그 컴퓨터 자체는 달라질 것이다. 그렇다면 컴퓨터 속에 있는 남편은 동일한 남편이라 할 수 있을까? 또한

---

48   존 로크의 인격의 개념에 관해서는 김효명(2002), 『영국경험론』, 아카넷과 이재영, 「로크의 인격의 동일성」, 『서양근대윤리학』, 창작과 비평, 2010을 참고하라.

컴퓨터(기계)에 복제된 기억은 여러 다른 기계에도 복제될 수 있을 것이다. 그리고 기억이 복제된 각각의 기계들은 모두 자신이 진짜 '윌'(남편)이라고 주장할 수 있다. 다시 말하면 진짜 윌은 하나여야 하지만 다수의 윌이 존재하는 것이다.

이러한 점에서 인격의 동일성의 기준을 로크처럼 '기억'으로 보게 되면 문제에 봉착하게 된다. 그렇게 되면 다수의 윌 중 어떤 윌에게 책임을 귀속시킬 수 있을까? 하는 문제가 발생한다. 로크의 주장을 그대로 받아들여 이 경우에 적용해 보면, 만일 업데이트된 그 컴퓨터가 자신을 자신으로 기억한다면 이전 컴퓨터 속의 남편과 업데이트된 컴퓨터의 남편은 동일한 남편이라 할 수 있을 것이다. 그러나 이 경우 기계가 자신을 자신으로 의식하는 '자의식'을 가질 수 있느냐 하는 문제가 발생한다. 이 문제는 곧 인공지능이 의식을 가질 수 있는가 하는 문제로 귀결되는데, 만일 '의식'을 지능과 동일한 의미로 본다면 현재까지 발전된 인공지능의 수준에서도 의식을 갖는다고 말할 수 있지만 우리가 이 책의 1, 2, 3장에서 살펴보았듯이 의식이라는 것이 단지 지능뿐만이 아닌, 감각질, 느낌, 감정 등을 포함한다면 현재로서는 인공지능은 의식을 갖는다고 말할 수 없을 것이다.

그렇다면 인공지능이 '인격'을 가질 수 있는가에 대한 문제도 앞에서 논의한 것과 마찬가지로 '의식'이란 무엇인가에 대한 비밀이 풀려야 답을 할 수 있을 것이다. 의식의 비밀을 푸는 것은 여전히 어려운 문제로 남아 있다. 하지만 현재 인공지능이 급속도로 발전하고 있으며 이러한 시점에서 인공지능이 내린 결정들에 대해 책임을 귀속시키지 않을 수 없는 상황에 이르렀다. 따라서 현재 많은 사람들은 현실적인 대안을 모색하고 있는 중이다. 이 장에서는 이에 대해 살펴보도록 하자.

인공지능과 책임

분산된 책임, 설명 가능성, 책무와 책임

    인공지능에게 책임을 묻기 위해서는 인공지능의 법적 지위를 먼저 결정해야 한다. 아직 법은 인간만을 법의 대상으로 삼고 있고 인공지능은 법적인 대상이 아니다. 물론 2017년에 세계 최초로 로봇이 시민권을 얻은 경우도 있지만 아직까진 인간만이 법의 대상이 되고 있다. 하지만 이런 사례는 인간은 언제든지 인공지능을 법의 대상으로 포함시킬 수 있다는 것을 보여 준다. 그렇다면 인공지능은 법의 대상으로서 법적인 지위를 갖고 그에 대한 책임을 질 수 있을까?

    우선 인공지능의 법적 지위를 따져보면 인공지능이 탄생하면서 가장 먼저 논의되었던 법이 저작권법인데, 그림을 그리는 로봇이 생기고, 점차 베껴 그리는 수준에서 창작으로 발전되었다. 이 때문에 인공지능의 창작물에 대한 권리를 주장할 수 있는지 여부에 대한 논의가 있었다. 여기서 우리는 이러한 문제를 잘 다루는 SF영화에 주목할 만하다. 2000년에 개봉한 영화 〈바이센티니얼 맨〉에서 가사 도우미로 구입한 인공지능 로봇이 만드는 것을 잘해 주인집 딸이 인공지능이 만든 작품을 팔게 되었을 때 갖게 되는 수입을 인공지능에게 돌려주자고 한다. 그러기 위해서는 인공지능의 명의로 된 통장을 개설해야 하고 법적 권한을 가져야 하는데, 이때부터 복잡한 문제가 발생한다. 결론은 영화에서도 법적 권한을 주장할 수 없다고 내려졌다. 또한, 법적인 책임을 물을 때, 행위자에게 고의성 또는 과실이 있어야 불법행위가 성립하는데, 과연 타인에 의해 만들어지고, 입력된 상황만을 반복하는 인공지능이 아무리 인간과 비슷한 지적 수준을 가지고 있다고 여겨지더라도 고의성을 입증하기는 어렵다고 생각해서 법적인 대상이 되기에는 어려울 것이다. 그렇다면 인공지능은 아예 법적인 책임에서 배제되는 것인가?

● 분산된 책임

우리 현실에서는 아이들이 범죄에 해당하는 잘못을 저질렀을 때 부모에게도 책임이 있다고 통용되는 것처럼, 인공지능이 도덕적, 법적으로 잘못을 저질렀을 때에도 같은 원리를 적용하여 그 인공지능의 개발자들에게 책임을 분산시킬 수 있다. 해당 인공지능이 완성되기까지 무수히 많은 분야의 기술과 데이터가 합쳐졌을 것이고, 그 과정에 관여한 기술자들도 무수히 많을 것이기 때문에 플로리디(Floridi 2013, 2016)는 이러한 복잡한 관계망을 전제로 분산된 책임이라는 새로운 개념을 제시하였다.

'분산된 책임'은 말 그대로 책임을 분산시키는 것이다. 예를 들면, 가장 대표적인 예시라고 볼 수 있는 '자율주행 자동차가 보행자를 치었다' 하는 사례를 보더라도, 자율주행 자동차를 만들어 내기까지 무수히 많은 각 분야의 기술자들이 시스템에 관여하였을

인공지능, 영화가 묻고 철학이 답하다

것이다. 자동차 기계의 시스템을 만든 기술자도 있을 것이고, 자동차가 능동적으로 경로를 결정할 수 있게끔 한 AI 알고리즘 설계자도 있을 것이다. 그리고 AI 알고리즘에 제공되는 도로교통 법규 정보와 실시간 교통 상황 정보 등 교통과 관련된 빅데이터 수집 및 제공자도 있을것이고 IOT 시스템, 하드웨어를 설계한 공학자, 그리고 자율주행 자동차를 소유한 소유자까지. 이러한 문제는 자율주행 자동차뿐만 아니라 다른 인공지능시스템에서도 마찬가지로 적용될 수 있다.[49]

자율주행 자동차가 보행자를 치었을 경우, 자동차의 기계적인 시스템 제작자, 자동차가 자율적으로 경로를 결정할 수 있게 해 주는 인공지능 알고리즘 설계자, 인공지능 알고리즘과 교통 빅데이터를 활용하여 운행 방식을 스스로 결정하는 자동차의 의사결정 시스템 등 수많은 행위자들이 관여하게 되어 '분산된 책임' 문제가 발생하게 되고, 이 상황에서 인공지능은 인공지능 시스템의 투명성, 인간에 의한 통제 가능성을 위해 시스템이 의사결정 과정에서 어디서 왜 그러한 오류가 발생했는가를 스스로 해명할 수 있어야 한다. 즉, '설명 가능성'이 있어야 한다. 그래서 인공지능의 책임 문제와 관련하여 두 번째로 설명 가능한 인공지능을 설계해야 한다는 문제가 제기되었다.

● 설명 가능성

'설명 가능성'이란, 문제가 된 특정한 결과를 산출하는 데 어떠

---

49 분산된 책임에 관한 자세한 논의는 이중원(2019), 「인공지능에게 책임을 부과할 수 있는가?: 책무성 중심의 인공지능 윤리 모색」, 『과학철학』을 참고하시오.

한 입력 요소들이 작용했고, 그 입력 요소들 가운데 어떠한 특정 요소들이 결정하는데 결정적이었는지, 알고리즘을 신뢰할 수 있는지, 최종 산출 결과가 실제 의미 있게 적용이 가능한지 밝혀내는 것을 의미한다. 인공지능으로 인해 사고가 난다면, 그렇게 행동한 이유를 설명하도록 인공지능에게 요구하는 것이다. 인공지능 스스로 자신의 의사결정을 한 과정을 설명하고, 오류가 어디에서 발생했는가를 해명하여 시스템의 투명성을 확보한다면 인공지능에 대한 통제를 쉽게 할 수 있게 된다. 현재 많은 인공지능이 어떠한 과정으로 결정을 내리는지 모르는 채로 활용되고 있다. 만일 이러한 상황을 그대로 둔다면 인공지능이 문제를 발생시켰을 때 책임 귀속이 어렵게 된다. 그래서 동일한 문제가 다시 반복되지 않도록 개선할 필요가 있다. 그래서 인공지능 개발자는 인공지능이 결정을 내릴 때 왜 그러한 결정을 내렸는지에 대해 공개하도록 하고 투명성을 유지할 수 있도록 해야 한다. 현재로는 학습을 하는 과정에서 그 학습에 대한 설명을 하는 방식이 개발되고 있으며 이러한 투명성 문제를 해결할 수 있는 방법들이 계속 개발되고 있다.[50]

● 책무와 책임

인공지능에게 책임을 귀속시키는 대안으로 제시될 수 있는 세 번째는 책무(accountability)인데, 책무는 인간에게 물을 수 있는 책임(responsibility)을 대신할 수 있는 책임에 대한 자연화된 개념이다. 책무란, 주로 자기 자신의 행동을 설명할 수 있는 능력에 기반하여,

---

50   이중원(2019), 위의 논문 참고.

행위자보다 행위 그 자체에 관심을 두는 것이다.[51] 예시로 누군가 설명을 요청한다면 이에 응답해야 하는 것이 책무의 유형 중 하나이다. 예를 들어, 인공지능이 대기업의 직원 선발을 인간을 대신하여서 할 때 잘못된 정보, 편향적 정보를 통해 선발을 하였다고 해보자. 이때 인공지능은 자신의 업무를 충실히 수행하지 못한 것에 대한 책임을 져야 할 것이다. 그러기 위해서는 앞서 언급했던 '설명 가능한 인공지능'이 되어야 하는 것이다. 인공지능은 자신이 왜 잘못된 결과를 내놓았는지를 빠르게 파악해야 한다. 빅데이터를 통해 수집한 정보가 잘못된 판단의 원인일 수 있다. 이 경우 정보를 수집하는 과정에서 관련자가 실수를 하였고 (인공지능) 자신은 그 정보가 잘못된 정보라는 것을 미리 알 수 있는 방법이 없어 그 잘못된 정보를 바탕으로 선발했으므로 문제가 있을 수밖에 없었다는 명확한 원인 분석과 해명이 가능해야 한다. 이 정도의 수준이 되어야 인공지능에게 어떠한 일을 맡겨도 사람과 같이 상황에 따른 융통성 있는 판단을 할 수 있다고 우리가 기대할 수 있고, 자신의 행위에 대한 오류와 모순을 빠르고 정확히 파악하여 그로 인해 피해를 본 사람들에게 그 사실을 명확히 해명하는 것이 가능하다. 그렇게 된다면 임무에 대한 책무를 논할 수 있게 될 것이다.

책임을 지우는 것은 두 가지로 구분되며 법률적 책임과 문제를 일으킨 원인을 파악할 수 있는 책무이다. 책임은 문제 발생 이후 부과되지만 책무는 문제 발생 이전에도 부과된다. 인공지능 설계에서부터 책무를 부과하면 결과적으로 문제가 발생했을 때 인공지

---

51   책임과 책무의 차이에 대한 자세한 논의는 김효은(2019), 『인공지능과 윤리』 서울: 커뮤니케이션북스, pp. 55-67을 참고하라.

능이 아닌 인간이 책임을 질 수 있게 되고 인공지능은 인간의 보조로서 역할을 수행할 수 있게 된다.

책임은 인간이 달리 선택할 수 있는 여지가 있는데도 스스로 선택한 즉, 자유의지로 이루어진 행위에 대해 부과하는 것이라면 책무는 인공지능에게 자기 자신의 행동을 설명할 수 있는 능력에만 기반을 두며 행위자보다 그 행위 자체에 더 집중할 수 있는 것이다. 인간의 책임에 비해 책무는 면책의 느낌도 없지 않아 있는 것이다. 이로써 책임 귀속의 문제와 관련하여 아직은 명확한 해답을 내릴 수 없는 인공지능의 자의식, 자유의지의 문제로부터 자유로워질 수도 있다. 이러한 절차들이 잘 이루어지기에는 아직 많은 과제들이 남아 있다.

설명 가능한 인공지능이 만들어지더라도 인공지능 시스템의 디지털 입력정보와 기호들을 인간이 해석할 수 있는 인간의 것으로 변환하고 디지털 기호와 인간의 언어 간의 의미론적 연결을 어떻게 구성해 낼 수 있는가와 같은 문제도 남아 있다. 인공지능에게 데이터를 입력하는 데 있어 탑다운 방식이든 바텀업 방식이든 성별, 인종, 민족, 종교에 따라 일어날 수 있는 차이 즉 편향성 문제가 있어 이 모든 문제들을 해결해야만 인공지능에게 도덕적, 법적 책임을 물을 수 있게 될 것이다.[52]

'설명 가능한' 인공지능을 구축하기 위해서 결국 중요한 것은 설명 시스템의 알고리즘 구축이고, 이러한 알고리즘이 정상적으로 구축되더라도 편향성 등으로 인해 성별, 인종, 종교 등의 차별이 발생할 수 있기 때문에 유럽연합은 개인정보 보호법을 통해 개인

---

52   이중원(2019) 참고.

인공지능, 영화가 묻고 철학이 답하다

이 알고리즘의 판단에 대해 거부할 수 있는 권리를 명시하였다. 이처럼 인공지능에게 책임을 귀속시키기 위해 제안된 대안들이 많이 존재하지만 우리는 심사숙고하고 보완하여 더 좋은 대안을 개발할 수 있도록 해야 할 것이다.[53]

끝으로 인공지능에게 책무를 부여하는 것도 아주 중요한 일이지만, 인간 역시도 인공지능이 가져다줄 변화에 대해 대비해야만 한다. 시간이 지날수록 인공지능의 행동을 통제하는 것은 아주 어렵겠지만, 인공지능이 가져다준 결과에 대해서 수용할 수 있는 기준을 정하고 인간이 용납할 수 있는 범위를 넘어서는 인공지능을 처분하는 방법에 대한 메뉴얼(법)을 정의하는 것도 좋은 대비법이라고 본다. 이것 역시도 인공지능에게 책임을 묻게 할 수 있는 방법 중 하나라고 생각한다.

---

53 이중원(2019) 참고.

김효명(2002), 『영국경험론』, 아카넷.

김효은(2019), 『인공지능과 윤리』 서울: 커뮤니케이션북스.

이재영(2010), 「로크의 인격의 동일성」, 『서양근대윤리학』 창작과 비평.

이중원(2019), 「인공지능에게 책임을 부과할 수 있는가?: 책무성 중심의 인공지능 윤리 모색」, 『과학철학 』 22: pp. 79-104.

제5장.

인공지능은 자유의지를 가질 수 있을까?

— 영화 〈마이너리티 리포트〉, 〈블랙 미러〉 중 'be right back'

자유와 책임

우리가 자유의지 개념을 살펴보는 이유는 자유의지의 문제가 현실적인 문제와 직접적으로 연관되기 때문이다. 즉 자유는 책임을 함축한다고 생각하기 때문이다. 대부분의 사람들은 자신이 자유롭게 한 행동에 대해 책임을 져야 한다고 생각할 것이다. 그런데 우리가 자유롭게 자신의 행동을 결정하지 못한다면, 예를 들어 우주에서 일어나는 모든 일들이 선행하는 사건들에 의해 결정되어 있다면, 그래서 그 사건의 발생을 피할 수 없다면 내가 한 일에 대해 나는 책임을 지지 않아도 될 것이다. 왜냐하면 내가 자발적으로 원해서 한 것이 아니라 강요되어 한 일이기 때문이다. 이렇게 보면 자유의지와 결정론은 양립 불가능한 것처럼 보인다. 다시 말하면 자유의지가 있다면 결정론은 성립할 수 없고, 결정론이 옳다면 자유의지는 성립할 수 없는 것처럼 보인다.

전통적으로 철학자들은 자유의지를 이성의 능력으로 보았고, 사고의 능동적 활동이라고 보았다. 데카르트의 경우 '의지'는 행동으로 이행하기 위해 이성이 판단하고 '결정을 내리는 능력'과 같은

　　　　인공지능, 영화가 묻고 철학이 답하다

것으로 보았다. 그렇기에 '자유의지'는 이성적 능력으로서 '자유롭게', 즉 A를 할 수 있는데도 불구하고 B를 '선택'하여 행동으로 옮길 수 있는 정신의 '힘'으로 보았던 것이다.

자유의지에 대한 논쟁은 계속되고 있으며, 영화에서도 이를 확인할 수 있다. 만약 자유의지가 없다면 몸이 환경에 반응하는 식으로 행동할 뿐 진정으로 자유로운 행동은 존재할 수 없을 것이다. 이 세계가 엄밀히 따지면 결정론에 지배된다는 가정하에 영화 〈마이너리티 리포트〉(2002, 스티븐 스필버그 作)에서는 결정론과 자유의지에 대한 논쟁이 첨예하게 대립한다.

영화 〈마이너리티 리포트〉(2002)는 SF 작가 필립 K.딕의 소설을 스티븐 스필버그가 영화화한 것이다. 이 영화의 핵심은 미래의 범죄를 예방하기 위해 미리 범죄를 예견한다는 '프리크라임' 시스템인데 이것은 결정론을 적용한 것이다. 주인공 존은 경찰로서 미래의 범죄를 예측하여 예방하는 프리크라임의 신봉자였다. 하지만 어느 날 자신이 프리크라임 시스템에 의해 전혀 들어 보지도 못한 레오 크로라는 사내를 죽이게 된다고 점쳐진다. 이 레오 크로라는 남자는 6년 전에 자신의 아들을 유괴하여 살해한 것으로 추정되는 인물이다. 그는 어느 날 이 남자와 대면하게 되는데, 프리크라임 시스템대로라면 그는 자신의 아들을 살해한 것으로 추정되는 이 인물을 죽여야 하지만 실제로 그는 그를 죽이지 않는다. 그 이유는 그 순간에 그가 이 시스템의 핵심 예언자인 아가사로부터 운명이 정해져 있지만 '달리 선택'하는 과정을 통해 미래를 바꿀 수 있다는 말을 들었기 때문이다.

양립가능론이란?

─────

여기서 '달리 선택할 수 있는 힘'은 앞에서 전통 철학자들이 '자유의지'라고 본 의미로 미래가 이미 정해져 있다는 '결정론'과 반대되는 의미이다. 따라서 흔히 자유의지와 결정론은 대립되는 것이라 말하지만 결정되어 있음에도 불구하고 달리 선택하여 운명을 바꿀 수 있다는 말은 자유의지와 결정론이 '양립가능'하다는 것을 의미한다. 이런 의미에서 우리는 '양립가능론'이라는 말을 사용한다.

존은 결국 달리 선택하여 운명을 바꾼다. 즉 자신의 아들을 유괴하여 죽인 범인을 찾지만 자신이 그 범인을 죽이도록 결정되어 있다는 운명을 스스로 바꾸기 위해 '달리 선택'하여 자신은 그 범인을 죽이지 않는다. 영화에서 존과 같이 결정론을 인정하더라도 자유의지를 통해 '달리 선택함'으로써 자신의 운명을 바꾸는 것과 같이 부분적으로 선택 가능성을 인정하는 것을 '양립가능론'이라고 한다.

최근에 나온 영국 옴니버스 영화인 〈블랙 미러〉의 'be right back'이라는 영화도 자유의지의 문제를 다루고 있다. 그 내용은

인공지능, 영화가 묻고 철학이 답하다

다음과 같다. 여주인공 마타는 남편 애쉬를 자동차 사고로 잃게 되고, 이후 임신 사실을 알게 된다. 남편과 함께하던 시간을 생각하며 슬픈 시간을 보내던 중 마타는 새로운 온라인 서비스를 발견한다. 이것은 애쉬가 남긴 모든 온라인 정보를 이용하여 온라인상으로 애쉬를 복제해 내는 것인데, 이를 통해 단순히 채팅을 할 수 있는 것을 넘어서 외모와 목소리까지 복제해 애쉬와 구분이 안 되는 안드로이드(인간 모방 로봇)를 갖게 된다. 마타는 마치 죽은 남편이 되살아난 것처럼 느끼게 된다. 그런데 안드로이드 애쉬는 휴식이 필요 없기에 잠을 자지 않는다. 또한 진짜 남편 애쉬는 때때로 부탁을 들어주지 않는 경우도 있는데, 안드로이드 애쉬는 모든 것을 다 들어주고, 너무 말을 잘 들어 점점 진짜 남편과 다른 가짜라고 느끼며 싫증을 느끼게 된다. 어느 날, 마타가 안드로이드 애쉬에게 절벽에서 뛰어내리라고 명령하자 정말로 절벽에서 뛰어내리려고 한다. 그러자 마타는 "애쉬라면 뛰어내리지 않고 울었을 거야"라며 화를 냈는데, 그것마저도 명령을 받아들인 인공지능 애쉬는 바로 우는 모습을 연기한다. 이는 아무리 인간과 외형이나 행동이 비슷해도 인공지능은 자유의지를 가지고 명령과 '달리 선택'하여 자유롭게 행동할 수 없음을 보여주는 것이다.

그렇다면 이제 이러한 생각을 토대로 인공지능이 자유의지를 가질 수 있을지에 대해 생각해 보기로 하자. 수년 혹은 수십 년 안에 인공지능은 인간과 함께 살아갈 것으로 예상된다. 이때 인공지능이 자율성을 가지고 스스로 판단하며 이를 행동으로 옮길 경우, 그들의 자율적 판단이 인간을 해치거나 위협할 수 있다. 많은 SF영화가 자유의지를 가지는 인공지능의 반란에 대해 다루는데, 이러한 영화의 흥행은 자유의지를 가진 인공지능에 대한 인간들의 두려움을 반영하는 것인지도 모르겠다.

자유의지란?

———

　'인공지능이 자유의지를 가질 수 있을까?'라는 질문에 답을 내리기 위해서는 우선 자유의지 개념부터 정확히 짚고 넘어가야 한다. 이 장의 시작에서 자유의지 개념에 대해 간략히 소개를 했지만 조금 더 철학적인 의미에서 분석해 보기로 하자. 자유의지라는 개념은 '자유'의 의미와 '의지'라는 두 가지의 철학적 의미가 결합된 복잡한 개념이다. 우선 '자유'에 대해 간단하게 살펴보기로 하자. 먼저 자유의 의미는 크게 두 가지라 볼 수 있는데, 적극적인 의미에서 자유는 '달리 선택할 수 있음'을 가리키고 소극적 의미에서 자유는 '물리적으로 외적 구속이 없는' 경우를 말한다. '의지'는 '~하고자 하는 힘, 능력' 또는 '행동을 위해 결정하는 능력'을 의미한다. 따라서 인간이 자유의지를 갖고 있다는 말은 여러 선택지들 중에서 의식적으로 그것들의 비중을 따져 보고 비교하여 결정을 내릴 수 있는 능력이 있다는 의미이다. 그래서 많은 철학자들은 자유의지를 '달리 선택할 수 있는 힘을 가지고 있고, 대안의 가능성을 열어 두고 선택할 수 있는 힘'이라고 정의하기도 한다. 그런데 이

러한 철학 전통에 정면으로 도전한 철학자는 영국의 철학자 홉스와 흄이다.[54]

홉스는 유물론자로 '의지의 자유'를 부정했다. 그는 의지를 연속적으로 일어나는 욕구 중 '마지막의 욕구'와 동일시했다. 즉 어떤 것과 관련하여 일어나는 욕구 중 최종적 욕구에 해당하는 것이 '의지'라는 것이다. 예를 들면, 내가 운동을 하고 싶다면(**욕구 A**) 이러한 욕구는 건강하고 싶은 욕구(**욕구 B**)에서 비롯되었고 건강하고 싶은 욕구는 열심히 일하고 싶은 욕구(**욕구 C**)에서 비롯되었고 열심히 일하고 싶은 욕구는 성공하고 싶은 욕구(**욕구 D**)에서 비롯되었으며, 성공하고 싶은 욕구는 행복하고 싶은 욕구(**욕구 F**)… 등에서 비롯되었다는 것이다. 이렇게 연속적으로 일어나는 일련의 욕구 중 마지막 욕구(**the last appetit**)가 의지(**volition 또는 the will**) 이다. 즉 이 경우는 마지막 욕구인 '행복에 대한 욕구'가 나머지 행동들을 할 수 있게 한 것이니, 행복하고 싶은 욕망이 나머지 욕구들을 일으키고 그와 관련된 행동을 하게 만드는 것이다.

의지를 홉스처럼 정의하게 되면 '달리 선택할 힘(**the power of alternative choices**)'과 같은 '의지의 자유'(**the freedom of will**)는 없다. 즉 의지는 행동으로 나타나기 이전 마지막 단계에서 욕구와 혐오의 정념에 따라 결정하는 마음의 상태로 이는 기계적으로 연속적으로 일어나는 심리적 운동의 결과이다.

---

54 홉스와 흄의 자유에 대한 이론은 필자의 논문 양선이(2012), 「흄의 인과과학과 자유와 필연의 화해 프로젝트」, 『철학』 113: pp. 27~66를 참고하라.

인공지능, 영화가 묻고 철학이 답하다

정념은 이성의 노예?

―――

이렇게 보면 의지는 스콜라 철학자들이나 데카르트가 말하는 마음의 기능(faculty)이나 능력이 아니라 마음의 행위(act of willing) 또는 작용이다. 다시 말하면 의지는 이성의 명령을 따르는 마음의 행위가 아니라 욕구와 혐오의 정념에 따르는 마음의 작용이다. 이는 곧 홉스가 의지를 합리적 욕구로 본 스콜라 철학자들의 주장에 반대하고자 한 것이다. 스콜라 철학자 및 합리론 철학에 반대하기 위해 홉스는 의지는 종종 이성에 반하거나 변화무쌍한 감정에 따르는 마음의 행위라고 보았다. 이러한 맥락에서 홉스는 "이성은 정념의 노예이고 노예여야만 한다"고 말한다. 이는 "정념은 이성의 노예이어야 한다"고 주장한 플라톤, 아리스토텔레스, 데카르트와 정반대 주장이며 영국 경험론의 완성자인 흄도 홉스와 같은 입장을 취하고 있다.[55]

정리하면, 자연세계의 움직임과 마찬가지로 인간의 행동과 관련

――――――

55   홉스의 자유의지에 관한 보다 상세한 논의는 김용환(2010), 「홉스의 윤리학: 욕망의 도덕적 정당화는 가능한가?」, 『서양근대윤리학』, 창작과 비평을 참고하라.

된 모든 움직임은 선행하는 움직임들에 의해 일어난다는 의미에서 필연적이며, 인간의 의지는 일어나는 욕구에 불과하다. 즉 의지는 심리적 운동의 결과이며 그런 한에서 자극과 반응과 같은 인과 관계의 필연성의 지배를 받는다. 이런 의지는 자유를 속성으로 갖는 것이 아니라 자극과 반응이라는 심리적 운동의 법칙성을 따른다. 그렇다면 전통적으로 철학자들이 말한 '달리 선택할 수 있는 힘'으로서 자유의지의 개념은 불합리하다.

그러나 홉스가 '의지의 자유'를 부정했다고 해서 '행동의 자유'까지 부정한 것은 아니다. 홉스에게서 '자유'는 오직 신체에만 적용될 수 있다. 즉 자유에 관해서 우리는 외부로부터의 강제가 없는 한 신체의 자유만 있다고 말할 수 있다는 것이다. 이와 같은 자유는 오늘날 소극적 의미의 자유로 널리 받아들여지고 있다.

그런데 홉스처럼 행위 주체가 자유의지에 따라 행동한 것이 아니라고 주장한다면 책임 귀속의 문제가 곤란해질 수 있다. 그러나 홉스에 따르면 어떤 행위에 대한 책임소재를 밝히고 이에 대한 보상과 처벌을 결정하는 것은 법과 도덕의 문제이지 자유의지의 문제는 아니다. 즉 그는 행동의 자유는 인정하고 의지의 자유는 부인하면서도 행동의 자유와 의지의 필연성이 양립가능하다고 보았던 것이다.

여기서 홉스가 말하는 '의지의 필연성'은 의지가 존재한다는 의미가 아니다. 즉 그는 의지를 마음 안에서 일어나는 마지막 운동인 욕구로 보았기 때문에 의지의 필연성이라는 말은 그만큼 우리가 욕구에 구속된다는 말이다. 앞에서 든 예를 통해 살펴보자. 예를 들면 내가 운동을 하고 싶다면(욕구 A) 이러한 욕구는 건강하고 싶은

인공지능, 영화가 묻고 철학이 답하다

욕구(욕구 B)에서 비롯되었고 건강하고 싶은 욕구는 열심히 일하고 싶은 욕구(욕구 C)에서 비롯되었고 열심히 일하고 싶은 욕구는 성공하고 싶은 욕구(욕구 D)에서 비롯되었으며, 성공하고 싶은 욕구는 행복하고 싶은 욕구(욕구 F)… 등에서 비롯되었다는 것이다. 이렇게 연속적으로 일어나는 일련의 욕구 중 마지막 욕구(the last appetit)가 의지(volition 또는 the will)인데, 의지의 필연성이란 이 마지막 욕구, 즉 우리의 예에서는 '행복에 대한 욕구'가 나머지 행동들을 할 수 있게 구속하는 것이란 점에서 의지(욕구)의 필연성을 말할 수 있는 것이다. 달리 말하면 의지(욕구)는 선행하는 의지(욕구)에 의해서 필연적으로 야기된다는 것이다.

이상과 같은 홉스의 의지의 자유 개념은 인공지능에게 적용할 여지를 마련해 준다. 영국 철학자 흄은 홉스의 이와 같은 '자유' 개념을 받아들이면서 이와 같은 자유를 '행동의 자유'라고 칭한다. 행동의 자유란 예를 들어 내가 냉장고에 있는 아이스크림을 먹고자 욕구(의지)하지만 내 손과 발이 의자에 묶여 있어 움직일 수 없다면 내 의지를 실현할 수 없다는 의미에서 나는 자유롭지 못하다. 하지만 그렇지 않다면 자유롭게 행위 할 수 있다는 것을 의미한다. 이는 **'대안의 가능성'** 즉 **'달리 선택할 수 있음'**을 의미하는 적극적 의미의 자유 개념과는 다르다.

리벳실험:

———

자유의지는 없다

현대에 와서 홉스와 흄의 전통을 이어받아 벤자민 리벳(Benjamin Libet 1916~2007)이라는 심리학자는 자유의지가 없다는 것을 보여 주는 실험(1970)을 진행하였다.

리벳은 사람들이 자발적으로 행동하는 시점을 밝혀 내고자 하는 실험을 했다. 예를 들면 내가 손을 위로 들어 올리는 일이 나의 의식적 결정에 의해서인지 아니면 무의식적인 두뇌 과정인지를 밝히기 위해 피실험자들에게 수차례 자유롭게 손을 들어 올리기를 실시하도록 요구했다. 그런 다음 리벳은 손을 들어 올리는 행동이 발생한 시간, 운동 피질에서 두뇌 활동이 시작된 시간, 피실험자들이 의식적으로 행동하려고 결정한 시간을 측정했다.

정리하면, 다음과 같다. 먼저 1) 타이머 앞에 실험 참가자들을 앉히고 두피에 EEG(뇌전도) 전극을 붙인다. 2) 다음으로 참가자들에게 버튼을 누르거나 손을 들어 올리는 움직임 등 간단한 행동을 통해 '움직이고 싶은 충동을 처음 인지한 순간'을 표시하도록 한다. 그런 다음 3) 각각의 반응이 일어나는 순간을 오차 범위 50밀리 세

인공지능, 영화가 묻고 철학이 답하다

컨드(20분의 1초) 정도까지 측정하는 기계로 기록한다. 즉 버튼을 누르면 시계에 점이 찍히고, 뇌에서 반응이 일어나면 뇌전도 기록이 되고, 손을 움직이면 근전도(EMG) 기록이 된다.

리벳은 이 실험을 통해 자유의지가 존재한다면 시계의 점이 가장 앞설 것이라고 보았다. 왜냐하면 그는 '움직이고 싶은 충동을 처음 인지한 순간'을 '자유의지'로 보았기 때문이다. 이것은 홉스처럼 의지를 '욕구'와 동일시 한 것이다. 그다음에 뇌전도가 기록되며, 그다음에 손을 움직여서 근전도가 기록될 것이라는 가설을 세웠다. 다시 말하면, 자유의지가 있다면 자유의지가 뇌에 명령하여(시계에 점이 찍히고) 뇌가 인지하고(뇌전도 기록), 그다음 뇌는 손을 움직이도록 명령하여 손이 움직(근전도 기록)일 것이기 때문이다.

그런데 실험의 결과에 따르면, 움직이고 싶은 욕구(의지)에 따라 실제 행동을 취하는 것보다 운동피질(EEG)이 행동을 촉발하는 시간이 2분의 1초 앞서는 것으로 나타났다. 즉, 행동을 하기로 결정을 내렸다는 사실을 인지하는 것보다 3분의 1초 정도 먼저 운동피질이 그 임무를 수행하기 위해 준비했다는 것이다(이것은 운동피질이 무의식이라는 뜻이기도 하다). 쉽게 말하자면 손을 움직이려는 **결정**은 손의 움직임을 야기한 뇌 활동 **이후**에 일어났다는 것이다. 그렇기에 리벳은 인간이 주체적으로 의사결정을 하고 그에 따라 행동한다는 생각은 틀렸으며 의식은 의사결정과정에 참여하지 못하기에 자유의지는 없다고 결론을 내린다. 즉 리벳실험 결과는 의식적이고 자유로운 의지 행위 때문에 손이 움직였다는 생각은 환상에 불과함을 보여 준다.

우리가 '자유'를 적극적인 의미로 '달리 선택할 수 있는 힘'이라고 정의하면 영화 〈블랙 미러〉에서처럼 인공지능은 주어진 명령에 따라 행동하기만 하고 자신이 스스로 결정하여 행동할 수 있는지에 대해 의문을 가질 수 있다. 하지만 우리가 이 책의 제1장 〈엑스 마키나〉 영화에서 살펴보았듯이 주인공 인공지능 에이바는 자신이 불리한 상황에 있다고 판단하면 스스로 정전을 일으키고, 자신이 폐기될지도 모른다는 사실을 알게 되자 '공포'와 '복수심'을 느끼고 자신을 보호하는 행동을 감행한다.

에이바의 이와 같은 주체적 선택은 '달리 선택할 수 있는 힘'으로서 자유의지 때문일까? 우리가 앞의 1~4장에서도 살펴보았듯이 이는 어떤 주체가 **(도덕적)** 행동으로 옮기게 되는 동인은 자유의지에 의해서가 아니라 '욕구'나, '감정'이라고 할 수 있다. 따라서 우리는 행동으로 옮기게 하는 힘으로서 감정을 어떻게 갖게 되는지를 알아볼 필요가 있다. 특히 옳고 그름에 관한 도덕적 행동의 동기가 감정이라면 인공지능이 도덕적이기 위해서는 도덕감정이 내포되어 있어야 한다. 뇌 과학자들도 이를 증명하기 위한 여러 실험 결과를 소개한 바 있다.[56]

---

56 피니어스 게이지 사례와 다마지오의 신체표지가설에 관한 이론은 필자의 글, 양선이(2018), 「도덕적 민감성에 관한 흄과 현대 흄주의 비교연구」, 『인간, 환경, 미래』, pp. 112~114를 참고하라.

피니어스 게이지 사례:

──────

감정을 통제하는 부위의 뇌 손상은
도덕감 상실을 유발한다

인간이 도덕적 행동을 하게 하는 동기가 감정과 관련된다는 증거로 유명한 피니어스 게이지 사례가 있다. 피니어스 게이지 **(1823~1860)**는 철도노동자로 1848년 철로확장 공사를 하던 중 폭발 사고로 쇠막대기가 그의 왼쪽 뺨으로부터 뇌의 앞부분을 관통하는 상해를 입게 되었다. 이 사고에서 그는 기적적으로 생존했고 그의 지적 능력이나 언어 능력도 전혀 손상이 없었다. 그러나 사회적 관습이나 윤리적 기준을 준수하는 능력이라 할 수 있는 인격이 변했다고 보고된다. 평소 유쾌하고 동료들과 잘 어울리던 피니어스였지만 변덕이 심하고, 상스러운 말을 내뱉으며, 무례한 사람으로 변했다고 보고된다. 결국 사고 이후 그는 주변 사람들과 멀어졌으며 철도 건설현장에서도 해고되었다.

뇌 과학적 관점에서 분석하면 쇠막대가 피니어스의 뇌를 통과한 지점은 대뇌 피질의 전두엽이었다. 이 부위는 예측하고, 결정을 내리고, 사회적으로 상호작용을 하는 능력을 담당한다. 게이지가 사고 후 무례한 사람으로 변한 이유는 제대로 판단을 내리지 못했고 다른 사람의 마음을 거의 이해하지 못했기 때문이라고 한다. 이는 곧 공감 능력이 상실되었기 때문이라고 볼 수 있다.

안토니오 다마지오의 사례:

———

복내측 전전두엽 손상 뇌 사례 –
지식은 있지만 도덕적 행동이 어렵다

안토니오 다마지오는 복내측 전전두엽 부위의 손상을 입은 현대의 뇌 손상 환자들에게도 게이지와 동일한 증상이 나타난다고 보고했다. 게이지류 환자들은 평균 이상의 지능지수와 사회적 윤리적 상황에 대해 정확하고 올바른 지식을 가지고 있었지만 실제의 윤리적 상황에서 적절한 행동을 취하는 데에는 실패했다고 보고된다.[57] 예를 들어, 다마지오의 환자인 엘리어트는 이성적으로 지극히 정상적이고 감정적으로 절제된 것처럼 보였지만, 끔찍한 재해로 죽어가는 사람들의 장면을 보여 주는 실험에서 아무런 감정을 느끼지 못했다고 한다.[58] 엘리어트는 사회적인 문제나 현실적인 문제에 대응하는 지식은 높은 수준으로 보유했다고 한다. 그리고 도덕적 딜레마에도 매우 설득력 있는 답을 제시했다고 한다. 그러나 그는 실제로 그러한 지식을 응용하거나 실천하지는 못했다고 보고된다. 다마지오는 복내측 전전두엽에 손상을 입은 환자들은 감정

---

57   양선이 위의 논문, p. 112 참고.
58   위의 논문, p. 113. 참고.

적 반응을 상위의 인지와 통합하지 못하였고, 그 결과 옳고 그름이나 상황에 대한 지식을 가지고 있음에도 불구하고 적절한 의사결정을 내리는 데 실패했다고 말한다.[59]

다마지오는 도덕적 판단을 내리는 데 있어 감정을 배제하고 이성만이 이상적 동기가 될 수 있다는 전통적 생각은 잘못되었다고 주장하면서 '감정'은 합리적 의사결정이나 성공적인 도덕적 행위를 수행하는데 필수적인 요소라고 말한다. 그는 합리적 의사결정이나 성공적인 도덕적 행위를 하는데 필수적인 감정을 '직감(gut feeling)'이라고 부른다. 그리고 이와 같은 직감은 경험하는 자의 신체상태의 표지(sign, mark)와 연결되며, 경험하는 신체상태의 표지가 좋은 의사결정을 내리는 데 중요한 역할을 한다. 이는 '신체표지가설'이라 불린다.[60]

다마지오의 신체표지가설에 따르면 신체표지는 일종의 예측을 위한 자동화된 단서시스템과 같다. "부정적인 신체표시가 어떤 특정한 미래결과에 병치되어 있을 때 그 결합은 경종으로 작용하며", "긍정적인 신체표시가 병치되어 있을 때 그것은 유인의 불빛이 된다."[61] 이와 같이 신체표지는 심사숙고하는 것과는 다르지만 "어떤 선택들을 강조 표시함으로써 그리고 뒤이은 심사숙고로부터 그 선택들을 재빨리 제거함으로써 심사숙고를 돕는다."[62] 우리가 의사결정을 하는 데 있어 신체표지는 추론을 제한하거나 구조화하는 방식으로 역할을 한다. 이와 같이 의사결정을 하고자 할 때

---

59 위의 논문, p. 113 참고.

60 다마지오가 말한 '신체표지가설'은 필자가 3장에서 다룬 '유인가'와 같은 의미이다.

61 안토니오 다마지오(1994), 김린 역(1999), 『데카르트의 오류』, 서울: 중앙문화사, p. 163.

62 같은 책, p. 163.

인공지능, 영화가 묻고 철학이 답하다

추론을 하기 전에 일어나는 어떤 신체적 상태의 표지(sign, mark)에 연관된 감정적 반응이 의사결정을 내리는 데 영향을 미친다는 주장은 감정이 좋은 의사결정이나 행위의 수행에 중요한 역할을 한다는 것을 의미한다.[63]

---

63   노영란 (2015), 「도덕적 정서의 근원과 발달에 대한 신경과학적 이해와 덕윤리」, 『철학논총』 79: pp. 81–82 참고.

트롤리 딜레마:

인신적 딜레마와 비인신적 딜레마를 통해서 본
도덕적 행동의 동기는?

　인간이 도덕적 행동을 하게 하는 동기가 감정과 관련된다는 신
경과학적 증거는 최근의 조슈아 그린(Joshua Greene)의 이중처리 모
델에서도 잘 드러난다. 조슈아 그린은 트롤리 딜레마에서 뇌의 인
지영역과 정서 부위가 모두 활성화된다는 연구 결과에 기초하여
2010년에 월간 『인지과학의 논제(Topics in Cognitive Science)』 7월 호에
실린 논문에서 트롤리 딜레마에서처럼 도덕적 판단이 인지 과정과
정서 반응에 모두 의존한다는 뜻에서 '이중처리(dual-process)' 모델
을 제안하였다.

　그린에 따르면 실험 대상자 거의 모두 트롤리 시나리오에는 공
감했으나 육교 시나리오는 반대하는 것으로 나타났다고 보고한다.
즉 다섯 명을 살리기 위해 트롤리의 선로를 바꿀 수는 있어도 트
롤리 앞으로 사람을 떠밀어 죽게 할 수는 없다고 대답했다고 한다.
결과가 똑같은 두 시나리오 중에서 한 개는 동의하고 다른 하나는
거부하는 이유를 알아보기 위해 그린은 실험 대상자들의 뇌 속을
기능성 자기공명영상(fMRI) 장치로 들여다보았다.

그에 따르면 첫 번째 시나리오(트롤리 시나리오)의 경우 배외측전전 두피질(dorsolateral prefrontal cortex, DLPFC)의 활동이 증가하였는데, 이 부위는 우리가 사고와 판단을 할 때 반드시 활성화되는 뇌 영역이 다. 즉 인지적 능력을 사용하여 손해와 이득을 결과론적으로 추론 하는 영역이다. 그린에 따르면 두 번째 시나리오(육교 시나리오)에서 첫 번째 시나리오(트롤리)보다 더 강력하게 정서와 관련된 영역이 활성 화되는 것으로 나타났다. 육교에서 앞의 사람을 떠밀어 5명의 인 부를 구하는 두 번째 시나리오에는 복내측전전두피질(ventromedial PFC, VMPFC)이 활성화되었는데, 이 부위는 공감·동정·수치·죄책 감 같은 사회적 정서 반응과 관련된다.

결론적으로 말하면 인도교 딜레마, 즉 인신적(personal) 도덕 딜레 마는 정서와 결합된 뇌 영역이 활발히 활성화되었다는 것이고 트 롤리 딜레마 비인신적(impersonal) 딜레마는 작업기억과 결합된 영 역이 상당히 활성화되었고, 정서와 결합된 영역은 약하게 활성화 되었다는 것이다.

더욱 쉽게 말하자면 내가 도덕적 결정에 직접 개입하지 않는 트 롤리 딜레마에서는 이성적 영역인 계산적 뇌에 해당하는 작업기억 과 관련된 부분이 활성화되는 반면, 내가 직접 도덕적 판단을 해야 하는 육교 딜레마의 경우 '죄책감'이나 '동정심'과 같은 정서적 뇌 가 활성화된다는 것이다. 이는 곧 도덕은 정서, 감정의 영역이라는 것을 입증한 셈이다. 행동을 유발하는 것이 감정이라면 윤리적 인 공지능이 가능한가의 문제는 인공지능에게 적절한 감정적 반응을 할 수 있도록 설계하는 문제가 될 것이다. 이에 관해서는 6장에서 자세히 살펴보기로 하자.

인간에게 자유의지가 있다고 주장하는 사람들은 결국 도덕적 책임 귀속을 위해서 그렇게 주장한다. 즉 앞에서 우리는 만일 자유의지가 존재한다면 그것은 '달리 선택할 수 있는 힘', '대안의 가능성'이 있는 것으로 보았는데 그렇게 되면 달리 선택할 수 있는데도 불구하고 굳이 현재의 선택을 한 것에 대해 그 행위자는 책임을 져야 하는 것이다.

인공지능, 영화가 묻고 철학이 답하다

자유의지가 없다면
책임 귀속은 불가능한가?

——

그러나 나는 앞에서 홉스나 흄의 전통을 따라 이와 같은 적극적 의미에서 자유의지는 없다고 주장하였고, 리벳실험을 통해 이를 증명하고자 했다. 자유의지의 존재가 책임 귀속을 위한 것이라면 자유의지를 부정하면서도 책임 귀속을 할 방법이 있는가? 이 방안은 중요한데 왜냐하면 이러한 방법이 가능해야 인공지능에게도 책임 귀속을 위한 가능성이 열리기 때문이다. 즉 설령 인공지능이 자유의지를 갖지 못한다고 하더라도 어떤 방식으로든 책임을 귀속시켜야만 하는 경우가 발생할 수 있으므로 이런 경우에 정당성을 제공할 이론이 필요한 것이다.

홉스는 자유의지를 부정하면서도 책임 귀속을 할 수 있다고 주장했는데, 그 가능성을 그는 법과 종교에 두었다. 즉 인간의 행동은 선행하는 욕구에 의해 강제되며, 이런 의미에서 필연적이다. 하지만 신체가 구속되지 않는 한 자유롭게 행동할 수 있다. 쉽게 말하면 내적 강제(욕구)로부터는 자유롭지 못하지만 외적 강제(신체의 구속이 없는 상태)가 없다면 자유롭다. 이와 같은 상태에서 행위자가 한 행동에 대한 책임은 법적 처벌 또는 보상을 통해 귀속 가능하다. 또한 종교적으로는 내세의 처벌 또는 보상에 의해 가능하다고 홉스는 주장하였다.

흄은 홉스의 결정론과 양립가능론을 받아들이면서도 홉스가 책임의 문제를 도덕의 문제로 보지 않고 법적·종교적 문제로 본 것을 비판하면서 '도덕은 느낌의 문제'이고 '공감의 문제'라고 주장하였다. 즉 우리는 어떤 사람이 잘한 행동에 대해 칭찬하면서 승인을 해 주고 잘못한 행동에 대해 비난하면서 불승인의 반응을 보낸다. 이러한 것이 곧 도덕감정이고 공감이라고 흄은 주장한다. 이와 같은 흄의 입장은 홉스처럼 자유의지를 부정하면서도 도덕을 감정의 문제를 보면서 도덕적 책임을 귀속시킬 수 있는 가능성을 열어 놓는다. 즉 홉스처럼 의지는 행동으로 옮기게 된 마지막 욕구이고 자유는 신체가 구속되어 있지 않은 한 움직일 수 있는 것이라고 보면서도 행위자의 행동에 대해 사회 구성원들의 칭찬 또는 비난이라는 공감적 반응을 통해 도덕적 책임을 귀속시킬 수 있는 것이다. 그리고 사회 구성원으로서 행위자는 다수의 비난에 대해서는 '죄책감'이나 '수치심'을 느낄 수 있어야 하고, 칭찬에 대해서는 '자부심'을 느끼는 방식으로 자연적 경향성을 지니고 있거나 후천적으로 교육을 받는다. 그리고 타인의 비난적 평가 즉 불승인에 대해 행위자는 자신의 행동을 '교정'할 필요가 있으며 그렇지 않은 부분에 대해 사회는 법적 제제를 가하거나 도덕적 책임을 부과할 수 있는 것이다.

인공지능, 영화가 묻고 철학이 답하다

책임:

———

반응적 태도와 사회적 관행

흄의 이와 같은 생각을 현대적으로 잘 풀어 낸 철학자가 있다. 현대 영미철학 전통에서 거장이라고 불리는 영국 옥스퍼드 대학교 교수였던 P.F.스트로슨(P.F. Strawson, 1919~2006)은 『자유와 분개』(1962)[64]라는 책에서 자유의지를 부정하고 결정론을 인정하더라도 도덕적 책임을 귀속할 방법은 있다고 주장했다. 이러한 연구는 아주 중요한데, 그 이유는 내가 이 책의 전반을 통해 도덕적 책임을 귀속시키기 위해서는 공감, 도덕감정이 중요하다고 주장한 근거를 제공하기 때문이다. 스트로슨의 주장을 받아들이게 되면 인공지능에게 도덕감정을 프로그래밍해야 한다는 주장이 설득력이 있게 될 것이다. 인공지능에게 도덕감정을 프로그래밍하는 방식에 관해서 나는 3장에서 이미 논의하였다.

스트로슨의 반응적 태도(reactive attitude) 이론에 따르면 우리가 어떤 행위자에게 책임을 귀속시키는 직접적인 근거는 그가 자유의

---

64   피터 스트로슨, 「자유와 분노」, 『자유의지와 결정론의 철학적 논쟁』, 최용철 편, 최용철 역, 서울: 간디서원, 2004.

지를 가졌기 때문이 아니라 그의 행위와 그에 대한 동료 행위자의 반응적 태도 때문이다. 그리고 그의 행위가 다른 사람에게 반응적 감정을 불러 일으킬만한 행위인지 아닌지는 그와 그의 상대가 공유한 상호작용적 관계와 그에 따라 서로에게 가지는 기대에 달려 있다. 그렇다면 이와 같은 상호작용적 관계는 어떤 식으로 맺어지는가? 이러한 관계는 관행을 통해 구성된다.[65] 다시 말하면 책임 귀속은 자유의지 문제라기보다 서로에게 책임을 묻는 관행과 그에 따른 사람들의 감정의 문제와 관련된다는 것이다. 스트로슨에 따르면 책임은 인간이 사회를 이루며 살면서 서로에게 반응하며 기대하게 된, 일종이 태도로서 사회적 관행이다.

그렇다면 한 사회 내에서 책임을 질 수 있는 행위자는 분노, 감사, 분개, 비난, 용서와 같은 반응적 태도의 주체이자 대상이다. 반응적 태도의 친근한 예로는 우리가 온라인상에서 사용하는 이모티콘들이 있다.

삼성 갤럭시 이모티콘

따라서 책임 귀속의 근거는 사회 속의 개인들 간에 서로 갖게 되

65   스트로슨의 반응적 태도 이론에 관한 논문으로는 필자의 글, 양선이(2014), (2015)을 참고하라. 또한 최근에 이에 관한 상세한 논의로는 박의연(2020), 「반응적 태도 이론과 책임 귀속의 문제」, 『철학탐구』, 제57집 참고.

는 기대와 이 기대의 배경이 되는 사회의 관행이다. 이는 곧 책임 귀속의 근거를 자유의지에 두는 전통 철학에 대한 정면 도전이 되는 것이다.

행위자의 행위에 대한 도덕적 책임 귀속이 사회적 관행과 우리의 경험에 의존한다는 생각은 인공지능이 한 행동에 대한 책임 귀속을 위한 길을 열어 준다. 우리는 이에 대해 다음 장, 특히 현재 도입되고 있는 자율주행차의 윤리적 판단에 대한 책임 귀속의 문제에서 엿볼 수 있을 것이다. 간단히 말하자면 자율주행차가 위험 상황에 직면했을 때 내린 결정에 대한 책임 귀속은 공리주의적으로 또는 의무론적으로 판단하여 귀속시킬 수 있는 것이 아니라 사회적 관행에 따라 '분산된 책임'이 가능하다는 사실을 알게 될 것이다.

그렇다면 반응적 감정, 예를 들어 분노, 죄책감을 통해 타인에게 도덕적 책임을 귀속시킬 수 있는 방법이 어떤 것인지 살펴보자. 모든 분노가 도덕적 책임을 타인에게 귀속시킬 수 있는 것을 정당화해 줄 수는 없다. 나 자신의 경우에도 나의 분노가 정당한지 스스로 물어보아야 한다. 정당화되기 어렵거나 상대가 동의하지 않을 만한 분노라면 상대에게 책임을 지울 수 없다. 스트로슨의 반응적 태도 이론을 발전시킨 월러스는 나의 반응적 태도가 적절한지 또는 상대의 반응적 태도가 정당한지 따질 수 있는 존재의 조건으로 '반성적 자기 통제력'의 유무로 보았다.[66] 이러한 능력은 전통 철학자들이 말하는 자유의지와 같은 개념은 아니다. 반성적 자기 통제

---

66 R. Jay Wallace(1994), *Responsibility and the Moral Sentiments*, Cambridge: Harvard University Press.

제5장 인공지능은 자유의지를 가질 수 있을까? | 135

력은 사회를 구성하는 성인으로서 기대할만한 사고력을 가진 존재자를 의미하므로 이러한 존재는 운명이 정해져 있거나 대안의 가능성이 없다고 할지라도, 즉 세계가 결정되어 있거나 자유의지가 없다고 할지라도 책임을 질 수 있는 존재이다.[67]

여기서 우리가 유의할 점은 월러스가 말하는 '반성적 자기 통제력'이 칸트가 말하는 '자율성'이라든지 '의무판단'과 같이 이성적 능력을 의미하는 것은 아니다. 그런데 문제는 월러스가 도덕적 책임을 설명하기 위해 애초에 스트로슨을 따라 도덕적 책임은 행위자가 자신의 행동에 대해 어떤 태도를 취하는가라는 '반응적 태도'라는 입장을 받아들였다가 자신의 행위에 대한 '통제 여부'로 바꿈으로써 책임에 관해 경험적 문제가 아닌 형이상학적 문제로 돌아가게 된다는 것이다.

반응적 태도는 행위자의 잘못된 행위가 자유로운 선택에 의해서인지 무관하게 또는 그의 현재의 자기 반성적 통제력과는 별도로 '자연적으로' 일어나는 우리의 반응이다. 그러나 월러스에 따르면 예를 들어 중독자가 중독이 나쁘다는 것을 알고 선택했는지가 중요하다. 왜냐하면 중독자가 자신의 중독적 행위가 나쁘다는 것을 알아야 나쁜 것을 하지 않도록 '통제'하게 되고 통제 여부가 책임 귀속에 본질적이기 때문이다. 그러나 월러스가 통제 개념을 강조하게 되면 그가 거부하고자 한 책임에 관한 형이상학적 개념 즉 '달리 선택할 수 있는 능력'이라는 전통적 자유의지 개념을 받아들

---

67   월러스의 '반성적 자기 통제력'과 도덕적 책임에 관한 상세한 논의는 필자의 논문, 양선이(2015), 「중독과 도덕적 책임」, 『철학연구』을 참고하라. 또한 박의연(2020)도 이에 관해서 잘 소개하고 있다.

인공지능, 영화가 묻고 철학이 답하다

이는 것이 되어 버린다.[68] 또한 월러스의 '반성적 자기 통제력'이란 개념은 책임 귀속에서 관행의 역할을 약화시키는 결과를 초래할 수 있으므로 약간 수정된 이론을 받아들일 필요가 있다. 즉 반응적 태도의 정당화는 반성적 자기 통제력의 유무라기보다는 사람들이 이전에 맺고 있던 관계와 그 관계가 토대를 두는 관행에 의존한다고 보는 것이다. 행위자는 자신이 속한 사회 내의 관행 안에서 적절하게 행동해야 하고, 만일 이런 관행에서 벗어나 행동을 한다면 서로에게 오해를 불러일으키거나 비난을 받기도 한다.

물론 이 같은 관행은 변화 가능하기 때문에 그러한 변화를 학습하는 것도 가능하다. 책임 귀속을 관행 속에서 유동적으로 변하는 일종의 맥락으로 보는 설명은 책임 귀속에 대한 이해를 증진시킨다. 그리고 이러한 개념은 자율성, 과거지향성을 강조하는 기존의 책임 개념을 벗어나서 도덕적 능력이 작동하는 방식을 잘 드러내고 있다.[69] 반응적 태도 이론은 자율성을 논증해야 할 부담에서 벗어나서 상호적이지 않은 관계에서도 적용된다는 점에서 인공지능의 도덕적 책임 문제를 논의하는 데 적절한 이론이다. 즉 인간과 인공지능의 관계에서도 적용될 수 있는 이론이다.

---

68   월러스의 반성적 통제력의 문제점에 관해서는 필자의 논문, 양선이(2015), 「중독과 도덕적 책임」, 『철학연구』, p. 206 참조.

69   박의연(2020), p. 156 참고.

김용환(2010), 「홉스의 윤리학: 욕망의 도덕적 정당화는 가능한가?」, 『서양근대윤리학』, 창작과 비평.

안토니오 다마지오(1994), 김린 역(1999), 『데카르트의 오류』, 서울: 중앙문화사.

피터 스트로슨, 「자유와 분노」, 『자유의지와 결정론의 철학적 논쟁』, 최용철 편, 최용철 역, 서울: 간디서원, 2004.

노영란 (2015), 「도덕적 정서의 근원과 발달에 대한 신경과학적 이해와 덕윤리」, 『철학논총』 79: pp. 81-82.

박의연(2020), 「반응적 태도 이론과 책임 귀속의 문제」, 『철학탐구』 제57집: pp. 133~160.

양선이(2012), 「흄의 인과과학과 자유와 필연의 화해 프로젝트」, 『철학』 113: pp. 27~66.

양선이(2015), 「중독과 도덕적 책임」, 『철학연구』 109: pp. 191-216.

양선이(2018), 「도덕적 민감성에 관한 흄과 현대 흄주의 비교연구」, 『인간, 환경, 미래』 20: pp. 103~127.

R. Jay Wallace(1994), *Responsibility and the Moral Sentiments*, Cambridge: Harvard University Press.

인공지능, 영화가 묻고 철학이 답하다

제6장.

인공지능은
도덕적 책임을 질 수 있을까?

- 영화 〈아이, 로봇〉

윤리적 인공지능의 가능성

————

4차 산업혁명의 도래와 함께 인공지능 기술이 점점 발달함에 따라 인공지능과의 공존은 피할 수 없는 현실로 다가왔다. 인간에게 유익한 존재가 되기 위해 고안된 인공지능이 때에 따라서는 잘못된 계산으로 인간에게 해를 가할 가능성이 존재한다. 따라서 인공지능에게 책임을 부과할 가능성에 대한 논의가 활발하게 진행되고 있다.[70] 인공지능이 인간에게 해를 가할 가능성을 방지하기 위해 인공지능 개발 초기에는 공학자들이나 윤리학자들이 '상향식' 혹은 '하향식' 방법으로 윤리 규범을 인공지능에게 주입하려고 시도했었다.

————

[70] 인공지능의 책임 귀속에 관한 철학적 논의는 이상형(2016), 김효은(2019), 이중원(2019)의 글에서 잘 소개되고 있다.

하향식 방법:

———

공리주의, 의무론

하향식 방법은 윤리 규칙(**칸트의 의무론, 공리주의 같은 원칙**)들을 프로그래 밍한 후, 주입해 주고 그에 따라 인공지능이 도덕적인 행동을 하도 록 하는 방법이다. 그러나 이러한 방법은 도덕적 딜레마에 부딪혔 을 때 칸트의 의무론과 공리주의 원칙 중 인공지능이 어떤 윤리 규 칙을 선택할 것인가를 두고 어려움에 봉착하게 된다. 왜냐하면 주 입하는 사람(**공학자, 윤리학자**)의 취향에 따라 공리주의를 선호하는 사 람이 있을 수 있고, 의무론을 선호하는 사람이 있을 수 있는데, 프 로그래밍하는 사람의 선호도에 따라 서로 다른 원리를 넣었을 때 인공지능은 과연 어느 쪽을 선호할까 하는 문제가 생긴다. 또 공리 주의 원칙과 의무론 원칙이 충돌하였을 때 인공지능이 어느 것을 따라야 할지에 대한 문제가 발생한다.

2004년에 개봉한 인공지능 영화 〈아이, 로봇〉에서는 소위 '로봇 3원칙'이라는 로봇이 지켜야 할 윤리 원칙을 넣어 줌과 동시에 때 에 따라서는 이를 어길 수 있는 방안까지 프로그래밍한 로봇을 개 발함으로써 생기는 스토리를 다루고 있다. 이는 인공지능에게 하향식 윤리 규칙을 프로그래밍 하는 방식에 관한 문제점을 다룬 영화라고도 볼 수 있다. 이에 대해 잠시 살펴보도록 하자.

〈아이, 로봇〉은 윌 스미스 주연의 2004년 7월에 개봉한 영화이다. 영화는 2023년에 발달한 인공지능으로 인해 인간이 편리한 삶을 살아가고 있는 상황을 배경으로 한다. 이 영화에는 고도로 발달한 인공지능이 인간에게 해를 끼치지 못하도록 'AI 시스템 3원칙'을 프로그래밍한다. 이 'AI 시스템 3원칙'이란, 첫째, 로봇은 인간에게 해를 끼칠 수 없으며, 인간이 해를 입는 것을 방관하는 것도 안 된다. 둘째는 법칙 1에 위배 되지 않는 한 로봇은 인간의 명령에 복종해야 한다는 것이다. 셋째, 법칙 1과 2에 위배 되지 않는 한 로봇은 스스로 보호해야 한다는 것이다. 이는 미국의 작가 아이작 아시모프가 로봇 관련 소설들에서 제안한 원리인 로봇의 3원칙의 AI 판이라고 할 수 있다. 이러한 안전장치를 프로그래밍한 로봇임에도 불구하고, 주인공 델 스푸너 형사(윌 스미스)는 자신이 겪은 과거의 트라우마 때문에 로봇을 불신한다. 그가 경험한 트라우마란 다음과 같다. 즉 자신이 일을 마치고 귀가하던 중 졸음운전을 하던 운전수의 트럭과 충돌하여 운전자는 즉시 사망하게 된다. 운전수 옆에 동행했던 12살짜리 딸과 주인공 스푸너 형사는 두 차가 강으로 추락하는 바람에 강으로 빠지게 된다. 추락해서 두 사람은 죽어가고 있는데, 그 옆을 지나던 로봇 3원칙이 내장된 NS-4모델 인공지능이 주인공을 구해 준다. 이 인공지능은 '하향식 모델'로 주입된 로봇 3원칙에 충실하여 인간을 보호해야 하므로 인간을 구해주는데, 주인공인 스푸너 형사는 죽은 운전수의 딸 12살짜리 어린이를 구하라고 했지만 인공지능은 '공리주의 원칙'에 따라 생존 확

률이 45%인 스푸너 형사를 구하고 생존 확률이 11%인 어린이를
구하지 않는다. 이후 스푸너 형사는 자신이 살아남은 것에 대해 죄
책감을 느끼고, 인간이라면 1%로의 생존 확률이라도 어린이를 구
했을 것이라며 로봇을 가슴이 없는 쇳덩어리에 불과하다고 혐오하
게 된다. 여기까지는 주인공 스푸너 형사가 로봇을 혐오하게 된 배
경이다.

사실 이야기의 시작은 인공지능 로봇의 새로운 모델인 NS-5가
출시되기 전, 공동 창시자인 래닝 박사의 죽음으로부터 시작된다.
정황상 자살인 상황에도 불구하고 평소 그를 알고 지내던 스푸너
형사는 의구심을 갖고 조사에 착수한다. 스푸너 형사는 조사 도중
래닝 박사의 연구실에서 수상한 로봇을 발견하게 되는데, 그는 평
소 로봇에 대한 불신을 가지고 있었기에 로봇이 범인이라고 생각
하여 그 로봇을 용의자로 취급하며 데리고 가려 한다. 하지만 로봇
은 제2원칙인 인간에 복종해야 한다는 원칙을 위반하며 도주한다.
도주한 로봇은 곧 잡히게 되고, 심문 도중 그 로봇은 자신의 이름
이 '써니'라고 하며 자신은 꿈도 꾼다고 말한다. 형사는 로봇은 기
계에 불과하며 꿈같은 것은 못 꾼다고 핀잔을 주면서 써니에게 과
학자 래닝을 죽였냐고 다그치자 로봇 써니는 책상을 치며 '분노'한
다. 이에 대해 형사는 로봇은 단지 분노를 흉내 낼 뿐이라고 무시
한다.

영화에서 감정의 중요성을 다루는 장면이 또 하나가 있는데, 써
니를 심문하러 심문실에 들어가기 전 주인공 스푸너 형사가 그의
상사에게 '윙크'를 하는 장면이 있다. 심문실에서 그 장면을 본 써
니는 스푸너 형사에게 '윙크'의 뜻에 대해 묻는다. 이에 스푸너는

'윙크'라는 행위는 로봇은 이해하지 못할 인간들이 '신뢰감'을 표현하는 방식이라고 말하며 너네 같은 기계들은 감정을 갖지 못하기에 그 의미를 이해하지 못할 것이라 말한다. 하지만 이후에 결국은 써니가 인간의 감정을 이해하게 되고 로봇의 반란 상황에서 스푸너 형사에게 자신도 '윙크'를 하고 도와줌으로써 서로가 친구임을 인정하며 악수를 나눈다.

어쨌든 이 영화에도 도덕적 행동의 동기를 위해서는 로봇이 '감정'을 가져야 한다는 것을 강조하고 있다. 이는 로봇에게 행동 원칙으로 3원칙을 주입했지만 이러한 하향식 모델의 문제점이 발생한다는 점을 보여주고자 하는 것이다. 하향식 모델에 대해 가장 비판적 입장을 말해 주는 장면은 스푸너 형사가 과거를 회상하며 "인간이라면 1%로의 생존 확률이라도 어린이를 구했을 것"이라며 "로봇을 가슴이 없는 쇳덩어리에 불과하다"고 말하는 장면이다. 즉 로봇에게 윤리 원칙을 주입해 주고 그에 따라 행동해야 할 경우 원칙에 집착한 로봇은 융통성과 '인간애'가 결여되어 최악의 상황으로 갈 수 있다는 것이다.

게릴라 코드:

무작위로 결합된 코드, 자유? 감정?

　이 영화에는 하향식 방식과 같이 원칙의 주입만으로 도덕적 행동의 동기 부여가 될 수 없다는 것을 보여 주는 주요 장면이 또 하나 있다. 주인공 스푸너 형사가 죽은 래닝 박사의 집을 찾아가서 그의 오래전 인터뷰 녹화를 보게 된다. 거기서 래닝 박사는 다음과 같이 말한다. "컴퓨터에 유령 같은 것이 존재해 왔습니다. 그것은 무작위로 결합된 코드가 의외성을 만든다는 것입니다. 예측할 수 없는 이 게릴라 코드가 로봇에게 자유와 창의성 영혼을 부여하는 것이 아닐까요?" "그렇지 않다면, 왜 로봇이 어두움, 공포를 싫어하고, 혼자 있기를 싫어하고 모여 있는 것을 좋아할까요? 어떤 요인 때문일까요? 무작위적 의외성 때문일까요? 진화 혹은 다른 무엇이 있기 때문일까요? 로봇은 자의식이 생길까요?" 이와 같은 질문은 중요한데, 이 영화가 2004년에 출시되면서 이런 질문을 던졌고, 우리가 이 책의 제1장에서 살펴본 2015년에 방영된 〈엑스 마키나〉에서 과학자 네이든이 이 질문에 답하고 있다는 것은 놀라운 사실이다.

영화 〈엑스 마키나〉에서 과학자 네이든은 그렇게 말했다. 그가 에이바를 만든 원리는 잭슨 폴록의 그림 원리인데, 그것은 작위와 무작위의 중간에 해당한다. 즉 데이터를 주입해 주면 에이바는 스스로 학습하여 진화한다고 네이든은 말했다. 그렇기에 에이바는 자의식을 갖는다고 했고, 그것을 캘럽에게 실험해 보라고 한 것이 '튜링 테스트'였다.

앞에서 래닝 박사가 한 말 중 "예측할 수 없는 게릴라 코드가 로봇에게 자유의지를 부여하는 것이 아닐까"라는 말은 래닝의 동료 과학자 켈빈 박사의 의구심을 풀어 줄 수 있는 것 같다. 같은 과학자였던 켈빈 박사에게 의구심이 들게 한 것은 로봇이 지켜야 할 3원칙을 만들어서 주입해 준 래닝 박사가 왜 그 원칙을 깨는 것 또한 만들었는지 하는 것이다. 즉 래닝 박사는 한 로봇, 즉 '써니'라는 로봇에게 상충하는 두 시스템을 넣어 주었는데, 하나는 로봇 3원칙이고, 또 다른 하나는 그 로봇 3원칙과 상충되는 시스템, 즉 때와 상황에 따라서 그것을 거부할 수 있는 시스템을 동시에 넣어 준 것이다. 이는 이 영화의 전개상 주인공인 스푸너 형사의 죄책감의 근원인 어린애를 살리지 않고 자신을 살린 그 상황과 같은 딜레마에 직면했을 때 로봇도 인간처럼 머리가 아닌(이성과 확률을 계산한 판단이 아닌) '가슴'으로 모성애, 부성애와 같은 감정으로 행동해야 한다는 것을 의미한다. 이는 곧 도덕적 행동의 동기는 '감정'이어야 한다는 것을 암시한다. 래닝 박사는 이런 고민을 하였던 것이다. 그리하여 써니를 그렇게 프로그래밍했는데, 로봇 전체를 통제하는 '비키'라는 로봇은 로봇의 생명은 안전이므로 3원칙을 깨트리도록 설계된 로봇을 인간이 좋아하지 않을 것이라 생각하고 스스로 원칙을 깨도록 로봇을 설계한 랭을 감금시킨다.

래닝이 우려했듯이 영화에서는 '원칙'에만 집착하는 로봇들의 반란에 대해서도 보여 주는데, 인간을 보호하라는 원칙에만 집착한 나머지 밤늦게 돌아다니는 인간들에게 집으로 빨리 귀가하라고 로봇들이 명령한다. 이에 기분이 언짢은 인간들과 로봇이 충돌하는 상황이 발생한다. 인간 보호라는 원칙에 집착한 나머지 돌발 상황에 대해 이해하지 못하고 용납하지 못하여 보호하려다 오히려 인간을 해치는 경우가 되는 것이다. 이는 로봇에게 '하향식'으로 윤리 원칙을 주입하는 것이 문제가 있음을 보여 주는 것이라 할 수 있다.

상향식 방법:

덕윤리

지금까지 우리는 인공지능에 윤리를 프로그래밍하는 방식으로 하향식 방법과 그 문제점을 영화 〈아이, 로봇〉을 통해 살펴보았다. 하향식 방법이 있다면 상향식 방법도 있을 텐데 '상향식 방법'이란 인간이 경험을 통해 학습과 좌절을 겪으면서, 즉 처벌과 고통을 겪으면서 도덕성을 배워 왔기 때문에, 이런 방식으로 인공지능도 도덕이 무엇인지에 대해 알게 해야 한다는 것이다. 대표적인 상향식 방법에는 덕윤리가 있다. 아리스토텔레스의 덕윤리에 따르면, 덕에는 본성의 덕과 도덕적인 덕이 있는데, 이 중 도덕적인 덕(성격의 상태)은 본성에 내면화된 것이며, 내면화시키는 방식은 실천을 통해 습관화를 시키는 것이고, 이렇게 몸에 밴 덕을 어떤 상황이 주어지면 행동으로 옮길 수 있는 것이다. 이러한 상향식 방법의 문제점은 어떤 사회나 문화마다 중요시 여기는 덕이 다를 수 있기 때문에 이런 방식을 선택하면 인공지능의 윤리가 상대적일 수 있으며 보편적인 윤리 원칙을 찾기 어렵다는 것이다.

이렇게 인공지능에게 특정한 윤리관을 프로그래밍할 때 하향식

인공지능, 영화가 묻고 철학이 답하다

이든 혹은 인간이 윤리관을 습득하는 상향식 방법이든 둘 중 하나를 채택한다 하여도 문제가 있음을 알 수 있다.[71] 나아가 특정한 원칙을 인공지능에 적용한다 하여도, 딥러닝을 통해 예상하지 못하는 변수가 생길 수도 있다. 그렇다면 앞으로 등장할 인공지능에게 현실적으로 어떻게 도덕적, 법적 책임을 물어야 할까?

스스로 학습하여 판단하는 인공지능이 본격적으로 우리 사회에 도입되기 전까지 일상이나 산업 전반에 걸쳐 사용되는 기계는 자동 시스템으로서 인간이 정한 규칙을 기반으로 작업을 수행해 왔다. 반면 현재 인공 신경망을 기반으로 스스로 학습하고 스스로 결정을 내리는 인공지능은 자율시스템으로서 자동 시스템과 차이가 있다.

71　하향식 혹은 상향식 방식으로 인공지능의 도덕화 가능성에 대해 다루고 있는 대표적인 저서로는 웬델 월러치, 콜린 알렌의 『왜 로봇의 도덕인가』(2014)가 있다. 국내 논문으로는 이상형(2018)의 「윤리적 인공지능은 가능한가?」가 있다.

자율시스템

인공지능의 도덕적 책임 가능성에 대해 알아보기 위해서는 우선 '자동'과 '자율'의 차이점을 파악할 필요가 있다. 우선, 자동 시스템이란 주어진 규칙을 가지고 그에 따라 일정한 입력정보가 주어지면 출력정보를 제시하는 방식이다. 자율시스템이란 심층학습이라 불리는 딥러닝을 통해 자율적으로 판단하고 인공지능이 귀납적 추론을 통해 주어진 자료에서 역으로 규칙이나 패턴을 찾아내는 것을 의미한다.

스탠포드 인터넷 철학사전에 따르면, "자율성은 자기 자신 전체를 반성의 대상으로 삼는 능력, 자신이 인정하고 있는 가치들, 연관성 그리고 자신을 규정하는 속성들을 수용하거나 부정하는 능력, 그리고 자신의 삶 속에서 그와 같은 요소들을 자기 뜻에 따라 변경하는 능력을 함축한다"고 정의되어 있다. 즉, 반성을 하고 잘못된 행위에 대해서는 고쳐나가는 것이 필수적이어야 한다는 것이다.

하지만, 자율주행차와 비슷하게 자율화되어 있는 알파고를 예시

인공지능, 영화가 묻고 철학이 답하다

로 들면 그것은 승리를 위해 최선의 수가 무엇인지 생각하고 그렇게 행할 뿐 왜 그렇게 두고 있는지를 생각하는 일이 없으며, 결국 승리가 불가능하다고 생각하는 순간 의지가 없어진 사람처럼 이상한 행동을 한다.[72] 그렇다고 인공지능이 직접 목표나 목적을 바꾸는 것 또한 상당히 위험하다. 우리가 이 책의 1장에서 살펴본 영화 〈엑스 마키나〉에서 에이바는 직접 생각도 하고, 반성도 한다. 이를 통해 목표를 변화시키기도, 상황을 변화시키기도 한다. 이렇게 하는 것에는 상당한 위험요소가 작용한다. 영화에서 우리가 살펴보았듯이 그를 창조해 준 과학자 네이든과 주인공 캘럽이 상상하지 못한 방식으로 에이바의 행동은 변화한다.

군이 영화를 통해 미래를 상상하지 않더라도 '자율' 개념을 현재 시행되고 있는 자율주행차에 적용해 보면 '자율'의 의미를 이해하는 데 도움이 되리라 생각된다. '자율주행차'란 운전자 또는 승객의 조작 없이 스스로 운행이 가능한 자동차를 의미한다. 즉 자율주행차는 운전자가 페달과 핸들을 조작하지 않아도 차량의 각종 센서로 상황을 파악해 스스로 목적지까지 찾아가는 자동차를 말한다. 이는 자율주행차보다 먼저 나온 무인자동차와는 다른 개념인데 사람을 태운 상태에서 움직인다는 차이가 있다. 우리나라 자율주행차 시장에도 레벨 3단계의 자동차가 판매 되면서 자율주행차의 큰 성장을 거뒀다. '레벨 3단계'는 미국자동차기술학회에서 자율주행차의 발달 수준에 따라 구분한 단계로 비운전 단계인 0단계, 운전자가 동적시스템 모든 부분을 담당하고 단순 지원만 하는 1단계, 인공지능이 스스로 가속과 감속을 하며 운전자에게 모니터

---

72   고인석(2018), 「인공지능이 자율성을 가진 존재일 수 있는가?」, 『인공지능 존재론』, p. 105 참고.

링 및 전체적인 책임이 따르는 2단계를 넘어선 단계이다. 3단계는 조건부 자동화 단계로 시스템이 운전 조작의 모든 측면을 제어하지만, 시스템이 운전자의 개입을 요청하면 운전자가 적절하게 자동차를 제어해야 하며, 그에 따른 책임도 운전자가 보유하게 된다. 이 3단계에서는 차량이 교통신호와 도로 흐름을 인식해 운전자가 독서 등 다른 활동을 할 수 있고 특정 상황에서만 운전자의 개입이 필요한 제한적 자율주행 단계라고 할 수 있다. 이 3단계의 상용화된 제품으로는 아우디와 캐딜락, 테슬라가 있다.

4단계는 고도 자동화 단계로 주행에 대한 핵심제어, 주행환경 모니터링 및 비상시의 대처 등을 모두 시스템이 수행하지만 시스템이 전적으로 항상 제어하는 것은 아니다. 마지막 5단계는 운전자의 개입이 필요 없는 완전 자동화 단계로 모든 도로조건과 환경에서 시스템이 항상 주행을 담당하는 단계가 된다.

5단계의 자율주행차 '오리진'이 이미 공개되었기 때문에 자율주행차의 시대가 도래한 것은 기정사실이다. 오리진은 운전자가 필요 없는 자율주행이 가능하며 곳곳에 달린 자체 카메라와 레이더 센서로 길 위의 상황을 계속 읽어 목적지까지 주행이 가능하다. 간단한 조작만으로 여러 상황에서의 자율주행이 가능하며 아직 가격은 공개되지 않았으나 현재 운용 중인 차량들보다 비용적인 측면에서 훨씬 저렴할 것이라 보고되었다.

그렇다면 이러한 자율주행차의 문제점은 무엇일까? 자율주행차의 순기능 중 중요한 부분은 인간의 부주의와 피할 수 없는 상황에서 발생하는 사고를 예방하는 것이다. 그런데, 이때 인공지능에 탑재된 시스템을 인간이 주입하기 때문에 인간에게 적용되는 윤리적

인공지능, 영화가 묻고 철학이 답하다

문제가 동일하게 발생하게 된다. 이와 관련해 자율주행차의 윤리적 문제로 제일 많이 언급되는 시나리오가 트롤리 딜레마이다. 먼저 트롤리 딜레마에 대해 살펴보고 이를 자율주행차에 적용하여 자율주행차의 윤리적 판단 문제를 알아보기로 하자.

트롤리 딜레마를 통해서 본
자율주행차의 윤리적 딜레마:

공리주의적 프로그래밍 vs
운전자 우선적 프로그래밍

트롤리 딜레마란 영국의 철학자인 필리파 풋(Philippa Foot, 1920~2010)과 미국의 철학자 주디스 자비스 톰슨(Judith Jarvis Thomson, 1929~)이 고안한 윤리적 딜레마이다. 우선 첫 번째 상황은 다음과 같다. 브레이크가 고장 난 전동차가 철로 공사를 하고 있는 인부들을 향해 달려오고 있다. 한쪽 철로에는 5명의 인부가 그리고 다른 쪽에는 1명의 인부가 일하고 있다. 이때 레버를 당겨 선로를 변경하게 되면 다섯 명을 살리고 한 명이 죽게 된다. 그리고 그대로 두면 다섯 명이 죽게 된다. 이 딜레마 상황은 한 사람을 희생해서라도 여러 사람을 구하는 것이 옳다는 '최대 다수, 최대 행복'의 관점인 벤담의 공리주의를 택할 것인지 아무리 다섯 명을 구한다고 해도 존엄한 인격을 가진 한 명의 인간을 희생시키는 것은 살인 행위이고 어떤 경우에도 살인해서는 안 된다는 칸트의 의무론을 택할 것인지에 대한 문제이다. 이때 대부분의 응답자들은 방향을 바꾸어서 다섯 명의 사람을 살려야 한다는 공리주의의 관점을 택했다고 한다.

이번에는 또 다른 상황이 있다. 이번에도 브레이크가 고장 난 전동차가 다섯 명의 사람들을 향해 달려가고 있다. 그러나 이번에는 높은 육교 위에서 이 상황을 바라보고 있는 당신이 당신 앞에 있는 몸집이 큰 사람을 밀어 떨어트려서 전동차를 멈추게 하여 다섯 명의 사람들을 살릴 것인지 아니면 그대로 둘 것인지의 문제이다. 그런데 이때는 대부분의 사람들이 몸집이 큰 사람을 밀어서 떨어트리는 행동을 도덕적으로 허용할 수 없다고 답했다고 한다.

위의 딜레마에서 두 상황 모두 더 많은 사람을 구하고자 하는 의도에서 각각의 행위를 선택하는 것일 터인데 왜 두 상황에 대한 우리의 도덕적 평가가 달라지는 것일까? 그 차이는 다음과 같다. 즉 두 상황의 차이를 살펴보면 첫 번째 상황의 경우 다섯 명의 사람을 살리는 행위에 초점이 맞춰져 있는 반면 두 번째 상황의 경우는 몸집이 큰 사람을 떨어트려서 죽이는 행위에 초점이 맞춰져 있다고 볼 수 있다. 또 첫 번째 상황에서는 다섯 명과 한 명의 선택지 중 무조건 한 쪽은 희생되어야만 한다면 소수를 희생시켜 다수를 구하는 것이 더 낫다는 관찰자의 관점도 반영되었다고 볼 수 있다. 반면 두 번째 상황의 경우는 죽지 않을 수 있던 사람을 밀어서 떨어트리며 죽음으로 내몰아서 다수를 구하는 것은 한 사람의 권리를 침해하면서까지 적극적으로 비윤리적인 행위에 개입하는 것이다.

이제 트롤리 딜레마를 자율주행차의 경우에 적용해 보자. 자율주행차가 완벽하게 설계되어 상용화된다면 인간의 삶에 매우 획기적인 변화들을 가져올 것이다. 시각장애인의 운전이 가능해지고, 주행 안정성이 높아져 교통사고 발생률이 감소할 것이라고 말하기도 한다. 하지만 이는 어디까지나 자율주행차가 완벽하게 작동됐을 때이고 조금이라도 오류가 생기게 될 경우에는 심각한 해를 초래할 것이다. 이를 트롤리 딜레마를 통해서 살펴보면 가령 오류로 인해서 또는 갑자기 누군가가 도로로 뛰어들거나 예상치 못한 장애물이 나타나서 사고가 난다면 그때 운전자를 비롯한 탑승자를 살리는 것이 옳은 것인지 아니면 다수의 보행자를 살리는 것이 옳은 것인지에 대한 딜레마가 제기된다. 이때 다수의 보행자를 살리고 운전자가 다치거나 죽는 방식으로 자율주행차가 프로그래밍 될 경우 이를 '공리주의적 프로그래밍'이라고 하고 반대로 운전자와 탑승자를 살리고 상대적으로 다수를 희생하게 하는 것을 '운전자 우선적 프로그래밍'이라고도 한다. 여기서 우리는 트롤리 딜레마와 자율주행차가 처하게 될 딜레마의 차이점에 주목해 볼 필요가 있다.

위와 같은 윤리적 상황에서 어떻게 결정하도록 프로그래밍할 것인지에 대한 설문조사 결과 대부분의 사람들은 공리주의를 바탕으로 인명피해가 적게 나도록 하는 것이 우선되어야 한다고 답했다. 하지만 다수의 선택을 우선시하는 과정에서 소수의 선택을 외면하고 관계를 수량화하여 해석한다는 관점에서 인간의 존엄성을 무시한다는 비판을 피할 수 없다. 또한 지나치게 결과주의를 선호한 나머지 과정과 수단을 전혀 고려하지 않고 있다는 비판이 가능하다. 실제로 2015년에는 『MIT Technology Review[73]』에 「자율주행차가 누군가를 죽이도록 설계되어야 하는 이유」라는 제목의 논문이 게재되었는데, 이 논문에서 실시한 설문조사의 결과에서 '공리주의

---

73 『테크놀로지 리뷰(Technology Review)』는 매사추세츠 공과대학교(Massachusetts Institute of Technology, 약자 MIT)가 출판하는 잡지이다.

적 프로그래밍'된 차를 직접 사겠다는 사람은 매우 적었다. 이 사실은 곧 공리주의적 프로그래밍의 실효성이 떨어진다는 것을 말해준다. 그래서 이 논문에서 실험자들은 오히려 '운전자 우선주의적 프로그래밍'된 차를 생산하는 것이 현실적이라고 주장하기도 한다. 하지만 '운전자 우선 프로그래밍'을 택한다고 해도 문제는 있다. 왜냐하면 생사의 상황을 놓고 소수보다는 다수를 살리는 것이 바람직하다는 보편적인 윤리 가치를 무시한다는 점과 오히려 운전자 본인에게도 사고 이후 정신적 장애와 같은 삶의 질 저하를 초래할 수 있다는 문제가 있을 수 있기 때문이다.

그렇다면 자율주행차의 사고 발생을 방지하기 위한 해결책은 무엇일까? 우선 근본적으로 자율주행차의 인지 기능이 대폭 향상된다면 사고 비율을 상당히 줄일 수 있을 것이다. 현재의 자율주행 시스템의 인지 기능은 구글 차의 경우 300m 내의 거리 범위를 탐지할 수 있지만 이 기술이 1km 이상을 탐색하고 인지하는 데는 오랜 시간이 걸리지 않을 것이라고 한다. 이렇게 미리 사람들과 장애물들을 파악하고 방지한다면 이는 빠른 제동으로 이어질 수 있을 것이다.

현재 자율주행차 외에도 다른 분야에 있어서 계속해서 과학적 기술 발전이 이루어지고 있으므로 이러한 발전과 상호작용을 통해 자율주행차가 사람과의 충돌 가능성을 염두에 두고 센서와 탐지를 위한 레이더, 급제동 장치, 충돌 시 안전장치 그리고 응급안전 시스템을 마련한다면 사고가 발생해도 피해를 최소화할 수 있을 것이다. 이 외에도 안전한 도로 인프라 구축 및 통신 기술 발전은 사고 예방과 후속조치에 큰 도움이 될 것이다.

물론 위에서 언급한 바와 같이 근본적인 문제 해결이 제일 중요하지만 그럼에도 불구하고 윤리적인 딜레마 상황에 직면하게 된다면 '공리주의적 프로그래밍' 또는 '운전자 우선주의적 프로그래밍'과 같이 이분법적으로 양자택일을 하기는 어려운 문제라고 생각된다. 현재로서 우리가 생각해 볼 수 있는 것은 자율주행차 시스템에 윤리적 의사 결정권을 넘길 것인지 여부이다. 이는 로봇을 윤리적 행위자로 인정할 것인지의 문제와 결부되어 있다. 이때 자율주행차를 자율형 로봇으로 인정한다면 첫 번째로 로봇의 경험에 의해 축적되는 데이터에 따라 윤리적 판단 능력을 스스로 학습시키는 방식이 있다. 이러한 방식은 상향식 방식으로 덕윤리 모델이 대표적이라 할 수 있다.

인공지능에게 도덕규범을 프로그래밍하는 방법 중 상향식 방법은 앞에서도 잠시 언급한 바 있다. 즉 인간이 경험을 통해 학습과 좌절을 겪으면서 도덕성을 배워왔기 때문에, 이런 방식으로 인공지능도 도덕이 무엇인지에 대해 알게 해야 한다는 것이다. 이러한 상향식 방법의 문제점은 어떤 사회나 문화마다 중요시하는 덕이 다를 수 있기 때문에 이런 방식을 선택하면 인공지능의 윤리가 상대적일 수 있으며 보편적인 윤리 원칙을 찾기 어렵다는 것이다.

상향식 방법을 자율주행차에 적용해 보면 시험운행과 테스트를 통해 경험을 쌓고 그것을 토대로 윤리적 능력을 계속 학습해 나가는 것이다. 하지만 이 방법은 발생 가능한 모든 사고 상황과 윤리적 판단을 학습시킬 수 없다는 점에서 한계를 갖는다. 두 번째로는 대중들과의 사회적인 합의를 바탕으로 사전에 미리 규칙을 정해 놓고 이에 맞춰서 윤리적 사고를 적용시키고 일반적인 사회적 규범을 준수하게 만드는 방법이 있다. 그러나 이것 역시 발생 가능한 모든 규칙을 미리 정해 놓는다는 것은 현실적으로 불가능하다. 따라서 첫 번째 방법과 두 번째 방법을 융합하는 것이 그나마 지금으로써는 최선이라고 볼 수 있다. 평소에는 차량 운행 시 일반적인 교통법규를 준수하는 것에 초점을 맞추고 윤리적인 상황 발생 시에는 자율주행차 시스템이 그동안의 경험을 통해 판단을 내리도록 하여 피해를 최소화하는 방법이다.[74]

결국 인공지능이 내리는 판단의 근거는 인간이 주입한 정보들이기 때문에 우리가 딜레마로 느끼는 상황이 인공지능이 상용화되었을 때 나타날 문제점들과 밀접한 관계를 가질 수밖에 없다. 이렇게 트롤리 딜레마를 자율주행차의 윤리적 프로그래밍 문제에 적용해 보면 결론을 내리기 힘든 문제라는 것을 알 수 있다. 따라서 사회적 합의가 필요하다.

이상과 같이 자율주행차와 관련하여 발생하는 윤리적 문제는 자율주행차의 특성과 관련되어 있다. 자율주행차의 특성상 직접 운전을 하지 않기 때문에 사람들은 아무 생각 없이 차를 구매하고, 타고 다닐 것이다. 이때 사고가 나게 되면 책임을 누구에게 물을 것인가? 라는 것이 문제가 될 수 있다. 결국 이와 관련한 법률이 필요하다는 것이다. 미국에서는 자율주행차의 인공지능을 법에서 인정하는 운전자라고 판단했다. 세계 최대의 전기 자동차 생산 업체 테슬라는 자율주행 자동차 사고의 책임을 운전자에게 돌렸다. 테슬라의 자동차가 고속도로 중앙분리대를 감지하지 못해 들이받

---

74 두 접근법을 융합하는 혼합식 방법에 관해서는 변순용, 황기연, 임이정(2018) 「자율주행자동차에 대한 한국형 윤리 가이드라인 연구」, 『윤리연구』 p. 219 참조.

아 운전자가 사망한 사고가 발생하였다. 이에 테슬라는 운전자가 사고 직전에 운전대에 손을 올리지 않았다는 이유로 책임 소재를 사망한 운전자에게 돌린 것이다. 그러나 정작 중앙분리대를 왜 인식하지 못했는지에 대한 설명은 없었다. 그럼에도 테슬라는 인간이 자동차의 자율주행 모드에서도 주의를 기울일 필요가 있으며, 오작동한 순간에 통제권을 찾아 사고를 방지해야 한다고 말한 것이다. 이 경우는 자율주행 자동차라 할지라도 인간이 해야 할 최소한의 역할이 있고, 그것을 지키지 않았을 때에는 인간에게 책임을 묻겠다는 것으로 볼 수 있다. 두 번째로 보험문제가 있다. 인공지능 자체가 법적 운전자로 간주된다면, 자율주행 모드일 때 사고가 나는 것은 제조사가 책임을 물어야 하는 법적 근거가 되기 때문에 보험사에서도 책임소재를 가리기 쉽지 않고, 관련된 비용이 증가하거나 보험금 지급이 지연되는 문제가 생길 수 있다.

이러한 자율주행차는 한 국가에서만 도입되고 상용화되는 것이 아니고 전 세계 곳곳에서 이용된다. 따라서 자율주행차에 대한 윤리적 가이드 라인은 그 나라의 문화나 도덕적 관습 등에 맞추어 새롭게 구성되는 것이 타당하다. 뿐만 아니라 다양한 가치관과 이해관계가 얽혀 있기 때문에 윤리기준에 대한 국제적인 합의가 필요하다. 따라서 세계 각국은 기술을 개발하는 것뿐만 아니라 문화적 배경까지 고려하여야 할 것이다.

인공지능, 영화가 묻고 철학이 답하다

필자가 제안하는 도덕적 행위자로서
인공지능이 갖추어야 할 조건

───

　이렇게 인공지능에게 특정한 윤리관을 하향식으로 적용하던지 혹은 인간이 윤리관을 습득하는 상향식 방법을 채택한다 하여도 문제가 있음을 알 수 있다. 나아가 특정한 원칙을 인공지능에 적용한다 하여도, 딥러닝을 통해 예상하지 못하는 변수가 생길 수도 있다. 그렇다면 앞으로 등장할 인공지능에게 현실적으로 어떻게 도덕적, 법적 책임을 물어야 할까?

　스스로 학습하여 판단하는 인공지능이 본격적으로 우리 사회에 도입되기 전까지 일상이나 산업 전반에 걸쳐 사용되는 기계는 자동 시스템으로서 인간이 정한 규칙을 기반으로 작업을 수행해 왔다. 반면 현재 인공 신경망을 기반으로 스스로 학습하고 스스로 결정을 내리는 인공지능은 자율시스템으로서 자동 시스템과 차이가 있다. 자동 시스템의 경우에는 기계가 오작동을 했을 때 그 책임을 보통 설계자나 관리자가 지게 되었지만 자율성을 가지는 인공지능이 문제를 일으켰을 경우 그 책임을 따져 보기는 쉽지 않다. 인공지능이 가상세계에서만 머물러 있다면 그 가상세계에서 벌어지는 일에 대한 책임만 부담하면 될 것이다. 하지만 인공지능이 현실 세계에서 활동하는 현재, 그리고 미래에 우리는 인공지능으로 인하여 현실에서 벌어지는 사건들에 의한 책임을 인공지능이 부담하도록 하는 것이 인공지능을 통제하는 데 도움이 될 것이다.

이처럼 가상세계에 머물러 있는 인공지능이 아닌 현실 세계에서 실제로 영향을 행사하는 경우 그 책임 문제를 규정하는 것이 사회의 혼란을 막기 위해서는 필수적이라고 할 수 있다. 인공지능(로봇)의 자율적 판단 때문에 생기는 일들에 법적 책임을 부여하기 위해서는 그들을 단순히 대행자로 보아서는 안 된다. 유럽에서는 인공지능에 책임을 부여하기 위해서 자연인으로서의 인간이나 동물에게 부여되는 도덕적 대우와 관련된 인격이 아닌 민법에서의 법인처럼 인공적으로 만들어진 개체에 계약이나 소송 등의 법적 권리와 책임을 부여할 수 있는 전자인격을 제안한 바 있다.[75] 이것은 도덕적 대우와는 구별되는데 그렇다면 도덕적 책임은 어떻게 질 수 있을까에 대한 의문이 생긴다.

인공지능에게 도덕적 책임을 귀속시킬 가능성을 알아보기 위해 먼저 법적 책임과 도덕적 책임을 구별해 보기로 하자. 책임이란, 법률상의 불이익 또는 제재가 가해지는 일이기 때문에 인공지능의 자율판단 때문에 생기는 일들에 책임을 부여하기 위해서는 인공지능을 단순히 대행자로 봐서는 안 된다. 유럽연합에서는 인공지능이 책임을 지게 하도록 전자인격을 부여했지만 전자인격은 법적인 인격에 부여될 뿐, 도덕적인 인격이 부여되지 않기 때문에 어려

75   김효은(2017. 10. 12). "인공지능로봇은 인격체인가", 전자신문. http://www.etnews.com/20121011000426.

인공지능, 영화가 묻고 철학이 답하다

움이 발생하게 된다. 그렇다면 인공지능이 도덕적 책임을 진다는 의미는 무엇인가? 우선 인공지능을 도덕적 행위 주체로 간주할 수 있는지가 중요하다.[76]

● 도덕감정

인공지능을 도덕적 행위자로 보기 위해서는 인공지능이 만족시켜야 할 조건들이 있는데 첫 번째로는 도덕감정을 가져야 한다는 것이다. 전통적으로 도덕은 이성을 통한 추론의 문제라고 간주되어 왔으나 최근 딥러닝을 통해 생각이 깊어진 인공지능이 추론과 학습을 통해 내놓은 결과를 보면 비도덕적 결과들이 많으므로 도덕성에 관한 전통적 생각에 의문을 갖는 사람들이 많아졌다. 따라서 인공지능이 올바른 판단을 하게 하기 위해서는 앞에서 〈아이, 로봇〉에서 살펴본 것처럼 주입된 원칙과 추론에만 집착할 것이 아니라 데이터에 기반하여 상황과 조건을 고려한 '체화된 평가'로서 도덕판단이 필요하다.

그 안에서 어떤 일이 일어났는지 알 수 없게 딥러닝이 설계된다면 자율성을 가진 인공지능이 자신의 결정에 따라 하게 된 행동은 인간을 해칠 가능성이 있다. 이런 점에서 SF영화이기는 하지만 우리가 이 책의 제1장에서 살펴본 〈엑스 마키나〉는 시사하는 바가 크다. 영화에서 인공지능인 에이바가 자신을 폐기할지도 모른다는 설계자의 의도를 눈치채고 설계자에게 '증오심'을 느끼고 살해하고 도망가는 장면을 보면 먼 미래의 일어날 수도 있는 일이라는 생

---

76 이상형은 「윤리적 인공지능은 가능한가」(2016)에서 인공지능을 도덕적 행위 주체로 간주할 수 있는 조건들에 대해 상세히 논의하고 있다.

각을 할 수 있다. 에이바를 창조한 과학자 네이튼이 자신의 창조물이 자신을 죽일 것이라고 과연 예상했겠는가?

이에 반해서 3장에서도 언급했듯이 영국 드라마 〈휴먼스〉에서 니스카의 경우 인간에 대한 '사랑'이라는 감정을 느끼게 되면서 과거에 자신이 한 행동에 대해 뉘우치고 죄책감을 느끼면서 책임을 지겠다고 하는 것을 보면 인공지능이 도덕적 행동을 하기 위해서는 감정을 프로그래밍하는 것이 중요하고 이때 '적절한' 감정이 어떤 것인지에 대해서도 프로그래밍하는 것이 중요하다.[77]

● 적절한 감정 ●

그렇다면 '적절한 감정'은 무엇이고 어떤 식으로 프로그래밍할 수 있는가? 감정의 적절성의 예로서 많이 드는 사례를 소개하면 다음과 같은 것이 있다. 사회적 약자를 대상으로 하는 지독한 농담의 경우, 그러한 농담에 공감하는 누군가는 그 농담이 잔인하고 공격적이기 때문에 그것에 즐거워하는 것이 '적절하지 못하다'고 생각할 수도 있다. 그러나 그렇다고 해서 그 농담이 재미있지 않다는 것을 의미하지는 않는다.[78] 또 하나의 예로, 부자에다가 돈도 잘 쓰지만, 상당히 까칠한 친구가 있다고 해 보자. 그는 자신의 재산에 대해 친구들이 어떻게 생각할 것인지에 대해 극도로 민감하다. 그런데 그 친구는 만약 당신이 그의 재산을 시샘한다고(envy) 의심한다면, 당신에게 더 이상 선물 같은 것을 주지는 않을 것이다. 그렇기 때문에 당신은 선물을 받고 싶으면 그를 시샘하면 안 된다. 즉,

<hr>

77 '감정의 적절성' 문제에 대해서는 필자의 논문, 양선이 (2014), 「감정진리와 감정의 적절성 문제에 대한 고찰」, 『철학연구』를 참고하라.

78 양선이, 위의 논문 p. 151 참고.

인공지능, 영화가 묻고 철학이 답하다

당신은 당신의 친구를 시샘하지 않을만한 '적절한 이유'를 가지고 있지만, 그렇다고 그의 재산이 시샘할 만(enviable) 하지 않은 것은 결코 아니다.[79] 이렇듯 어떤 감정을 느끼는 것이 '맞다' 즉 '참이다' 와 그렇게 느끼는 것이 '적절하다'는 것은 일치할 수도 있고 일치하지 않을 수도 있다.

● 감정의 적절성

인간은 삶의 과정에서 배우고, 고치면서 감정의 적절성을 깨달아 간다. 미래에 등장할 인공지능 로봇이 인간과 공존하기 위해서는 '인간과의 상호작용 속에서 사회적 관습과 자신의 역할과 관련된 기대를 알아야 할 필요가 있을 것이다.' 다른 사람의 느낌에 공감하는 능력은 사람들이 상호작용하는 많은 상황에서 도덕적 판단과 분별 있는 행동을 위한 선결 조건이다. '도덕은 사회적 현상'이고 '선한 행동은 다른 사람의 의도와 필요에 대한 민감성에 의존'한다고 본다면 공감이 중요하다.[80]

감정을 느낄 수 있는 인공지능을 만드는 것이 가능하다면 감정의 적절성을 깨달을 수 있게 프로그래밍 해야 한다. 예를 들어 웃기는 상황에 대해 웃는 반응을 하는 것과 상황에 따라 웃는 것과 웃어서는 안 되는 것을 구별할 수 있도록 교육해야 한다. 왜냐하면 무엇이 어떤 감정을 도덕적으로 만드는가는 그와 같은 감정을 가진 인간이 평가를 해 가는 실천적 삶의 역사에 달려 있기 때문이다. 이것은 앞에서 우리가 〈아이, 로봇〉에서 보았듯이 '써니'가 스

---

79 양선이, 위의 논문, 같은 쪽 참고.
80 웬델 월러치, 콜린 알렌의, 『왜 로봇의 도덕인가?』, p. 275 참고.

누프 형사에게 '윙크'의 의미가 무엇이냐고 물었듯이 윙크의 의미가 인간 간의 유대감, 신뢰감을 표시하는 방법이라는 것도 우리가 삶을 통해 배워서 알게 된 것이다. 이렇듯 감정의 적절성, 즉 그렇게 느끼는 것이 그 상황, 그리고 그 맥락, 그 문화 속에서 적절할 수도 있고 그렇지 않을 수도 있다. 서로 다른 문화 속에서 우리는 서로 다른 웃김, 역겨움, 창피함 등등을 발견한다. 공동체가 공유하는 감정과 판단에 의해 부과된 사회적 강제를 통해 우리는 반성과 숙고를 하게 되고 서로 다른 공동체가 공유한 서로 다른 역사가 수치심에 대한 서로 다른 기준을 확립한다.[81]

● 도덕은 정서의 문제이다

인공지능이 도덕적 행위자가 되기 위한 조건으로 도덕감정을 가질 수 있어야 한다는 것을 받아들이려면 먼저 감정을 가질 수 있을까 하는 문제부터 논의되어야 한다. 우리는 이에 관해 이 책의 제1장, 2장, 3장에서 살펴보았다. 이 문제는 현재 어려운 문제로 분류되지만 우리가 미래를 대비한다면 계속 연구해야 할 문제이다. "도덕은 정서의 문제다"라고 말한 영국 철학자 데이비드 흄의 입장을 따른다면 인간에게도 그러하듯이 인공지능이 윤리적 행위자로 인정받으려면 '올바른' 도덕적 감정을 통해서 행동해야 한다고 말할 수 있다. 도덕적 감정은 타인의 고통에 대해서 공감하고 고통을 느낄 수 있는 감정을 말한다.

인공지능이 도덕적 감정을 가질 수 있어야 한다는 말은 인간과

---

81   가치의 반응 의존적 속성에 관해 필자의 논문, 양선이(2016), 「체화된 평가로서의 감정과 감정의 적절성 문제」, 『인간 · 환경 · 미래』, pp. 120-123 참고.

인공지능, 영화가 묻고 철학이 답하다

같이 공존할 수 있는 감정을 갖고 인간의 고통에 공감하면서 같이 살아가는 주체적인 생각을 갖는 것을 말한다. 우리가 5장에서 살펴보았던 뇌 과학자인 다마지오의 뇌 과학 연구나 그린의 자기공명상 연구에 따르면 도덕적인 행동을 위해서는 정서적인 뇌가 작동해야 하고 행위의 동기가 되는 것이 이성보다는 감정이라는 것을 알 수 있다.

● 이성이 정념의 노예이어야 한다; 조너던 하이트의 「사회적 직관주의」

공감하는 것이 불가능한 존재는 도덕적 추론을 시작하는 것조차 힘들기 때문에 도덕감정을 내포해야 한다. 이에 관해서는 18세기 영국 도덕론자들도 주장한 바 있으며, 현대에 와서 안토니오 다마지오는 그의 환자들의 실험에서 비도덕적, 비사회적 행동의 근거를 감정 뇌에 문제가 있을 경우임을 밝혔다.[82] 최근에 조너던 하이트는 그의 논문 「감정적 개」에서 흄을 지지하여 도덕적 행동의 동기가 직관(직감)이며 추론은 후에 그것의 정당화 작업에 필요하다는 '사회적 직관주의'를 주장하였다. 하이트를 따라 그린은 이중과정 이론에서 트롤리 딜레마와 달리 자신이 도덕적 행동에 직접 개입하는 육교 딜레마의 경우 도덕적 행동은 죄책감과 동정심과 같은 정서와 관련된 뇌가 활성화됨을 밝혔다.[83]

---

82 안토니오 다마지오(1994), 김린 역(1999), 『데카르트의 오류』, 서울: 중앙문화사.
83 이에 관한 자세한 논의는 양선이(2016), 「체화된 평가로서의 감정과 감정의 적절성 문제」, 『인간 · 환경 · 미래』를 참고하시오.

현실적인 대안

———

지금까지 나는 미래에 인간과 공존할 윤리적 인공지능을 위한 이상적 모델로서 도덕감정을 프로그래밍 해야 한다고 제안하였다. 끝으로 나는 현실적으로 현재 실현가능한 인공지능의 책임 귀속의 문제를 논하며 논의를 맺고자 한다. 인공지능이 신입사원 채용이나 자율주행차 운전 등 특정 임무를 수행하게 되면서 인공지능이 어떻게 도덕적, 법적 책임을 질 수 있을지가 활발히 논의되고 있다. 이는 윤리적 인공지능이 가능한가의 문제에 대한 문제 제기이다.

윤리적 인공지능 설계 초기에 공학자들과 윤리학자들은 인공지능에 윤리적 규범을 프로그래밍하기 위해 구체적 윤리 이론을 구현하는 시스템을 인공지능에게 주입하는 하향식 방법을 사용했다. 공리주의 또는 의무론 등 서로 다른 윤리 이론들에 대한 선호도가 다를 수 있고 따라서 도덕적 딜레마를 해결하기 힘들다는 문제점이 발생했다. 그래서 인간이 경험을 통해 윤리와 법을 배워 가듯이 인공지능의 윤리화도 경험적인 방법을 통해 가능하다고 본 상향식 방법을 도입했으나 이것도 상황마다 윤리적이라고 판단되는 기준이 달라진다는 문제점이 발생했다. 그렇다면 윤리적 인공지능을 만드는 데 있어 인공지능 연구자들은 도덕 원리를 따지는 것보다 도덕적 행위 주체로서 인공지능이 어떤 조건을 만족시켜야 하는지에 대해 논의해야 할 필요성이 등장한다. 인공지능이 딥러닝을 통해 어떤 결과를 내놓을지 예측이 불가능하므로 인공지능에게 도덕 원칙만을 주입하는 것은 무의미한 것이다.

전통적으로 도덕적 주체가 되기 위해 제시되는 조건 세 가지는 인격, 자율성(자유의지), 그리고 도덕감정이다. 도덕적 인격을 가지기 위한 조건 중 감정과 관련된 쾌·고감수능력의 표현이나 자아 정체성을 가지고 미래를 설계하는 능력 등은 인공지능이 아직 가지기 어려우며, 우리가 이 책의 5장에서 살펴보았듯 벤자민 리벳의 실험에서 자유의지라는 것이 존재하지 않는다는 결론이 나올 만큼 '자유의지'라는 것의 존재조차 확실하지가 않다. 나는 인공지능이 자유의지를 가질 수 없다면 대안으로 도덕감정을 프로그래밍해야 한다고 주장하였다. 인공지능이 도덕감정을 가질 수 있는지는 어려운 문제로 남아 있지만 우리가 연구해야 할 과제임은 분명하다.

이렇게 인공지능이 도덕적 감정, 인격, 자유의지를 가지는 것이 현재로서는 불가능하다 보니 새로운 책임 관련 소재들이 등장했고, 인공지능에게 책임 소재를 분명히 하기 위한 현실적 대안으로 '분산된 책임', 책무에 기반한 '설명 가능성' 등이 제시되고 있다. 인간에게 적용하는 책임의 개념을 인공지능에게 똑같이 적용할 수는 없기 때문에 인공지능에게는 책임(responsibility)이라는 개념 대신에 책무(accountability)라는 개념이 적용된다. 책무는 면책이 가능한 책임이라고 볼 수 있는데, 자기 자신의 행동을 설명하고 해명하는 능력에 기반한 것이다. 책무는 행위자보다는 행위 자체에 관심을 가지고 자의식의 문제를 다루지 않아도 된다. 예를 들어 인공지능이 질병을 치료하는 과정에서 사고가 났을 때 인공지능은 '응답할 수 있음으로서의 책무'를 지고 국가가 사고 이유를 설명해 보라고 했을 때 이에 응해야 한다.[84]

   하지만 이때, 인공지능이 책무를 다해 과정을 설명할 때 문제가 생길 수 있다. 인공지능의 복잡한 알고리즘과 시스템은 인간이 작동 과정의 인과 관계를 보기 어렵게 한다. 이를 해결하기 위한 것이 바로 설명 가능한 인공지능이다. 설명 가능한 인공지능은 바로 인공지능의 학습방법인 '딥러닝'의 해결책 중 하나이다. 딥러닝이란 인간의 신경망을 모방하여 만든 다층 구조의 학습 프로그래밍으로, 제공받은 데이터를 마치 사람처럼 학습하도록 만든 것이다. 이 딥러닝의 문제점은 앞서 말한 것과 같이 과정을 일일이 추적하기 어렵고 절차를 설명하기 어렵다. 따라서 인공지능의 잘못된 판단이 단순 오류나 실수에 의한 것인지, 비도덕적인 프로그램 데이터로 인한 것인지 구분되지 않아 인공지능이 책무를 다하기 어려운 상황이 된다. 이에 반해 설명 가능한 인공지능은 스스로의 의사결정 과정 전체에 대해 어디서 어떻게 오류가 났는지에 대해 설명할 수 있다. 이를테면 입력 시 어떤 부적절한 입력정보가 입력됐는지, 입력정보와 최종 결과 사이에 비일관성이 있는지, 산출 결과를 올바르게 인공지능이 적용하였는지 등을 꼼꼼히 분석할 수 있는 것이다. 이러한 인공지능 시스템의 투명성은 인공지능이 그 책무

---

84   이중원(2019), 「인공지능에게 책임을 부과할 수 있는가?: 책무성 중심의 인공지능 윤리 모색」, 『과학철학』, p. 93 참고.

인공지능, 영화가 묻고 철학이 답하다

를 다 할 수 있도록 하기 때문에 인공지능 시스템은 오작동과 피해를 줄여 신뢰를 얻고 제 역할을 잘할 수 있게 된다.

● 분산된 책임

정리하자면, 인공지능 그 자체로서는 자유의지와 인격을 갖추고 있다고 보기 힘들기 때문에 인공지능 프로그램으로 인한 피해에 대해 책임을 지긴 어렵다. 대신, 설명 가능한 방법을 통해 책무를 지고 그 책무에 대해 인공지능 시스템에 관여한 사람들에게 도덕적, 법적 책임을 부여하여 상황을 해결할 수 있을 것이다. 인공지능 시스템의 작동에는 실제로 많은 기술 요소와 빅데이터가 사용된다. 하나의 인공지능을 만들고, 활용하는 데에 다양한 분야의 설계자와 제작자들이 관여하는 것이다. 그래서 인공지능이 한 행위의 결과에 대한 책임은 일부 개인의 행위로 환원될 수 없고 여러 행위자들에게 분산된다.

인공지능이 도덕적, 법적 문제를 일으켰을 때의 책임을 분산된 행위자 모두에게 귀속시키는 것이 분산적 책임이다. 예를 들어 자율주행차가 사람을 치었을 경우에 자동차의 기계적인 시스템 제작자나 도로에서 자율주행 자동차의 운행을 허가한 정부의 교통정책 입안자 등 인공지능의 개발과 활용에 개입한 모두에게 얼마만큼의 책임을 할당해야 하는지 복잡한 문제가 있지만 어쨌든 한 행위자에게만 책임이 돌아가는 것이 아니라 여럿에게 분산된다는 것이 중요하다.

또한, 인공지능이 자신이 내린 결론이나 행동에 대해 설명할 수 있어야 하는 것이 '설명 가능성'이다. 즉 인공지능이 결과만 내놓는 것보다 어떤 학습과정을 통해서 이러한 결론을 내렸는지를 인간이 이해할 수 있도록 설명을 해 주어야 한다는 것이다. 이러한 것이 중요한 이유는 인공지능이 내린 합리적인 판단의 근거를 제시해야 이것이 공정한 결정이었는지 인간이 납득할 수 있을 것이고, 또 오류가 났다면 어디서 오류가 났고 어떤 요소들이 이러한 결과에 영향을 미쳤는지를 설명해야 문제를 해결하고 인간이 인공지능을 통제할 수도 있을 것이기 때문이다. 설명 가능한 인공지능의 관건은 인공지능에게 설명 시스템의 알고리즘을 구축하는 것인데, 이러한 알고리즘 역시 편향될 수 있기 때문에 유럽연합은 인간이 인공지능의 판단을 거부할 수 있는 권리까지 만들어 놓았다

안토니오 다마지오(1994), 김린 역(1999), 『데카르트의 오류』, 서울: 중앙문화사.

웬델 월러치, 콜린 알렌(2009), 노태복(2014) 역, 『왜 로봇의 도덕인가?』, 메디치.

고인석(2018), 「인공지능이 자율성을 가진 존재일 수 있는가?」, 『인공지능 존재론』, 한울 아카데미.

김효은(2017. 10. 12). "인공지능로봇은 인격체인가", 전자신문. http://www.etnews.com/20121011000426.

김효은(2019), 『인공지능과 윤리』, 서울:커뮤니케이션북스.

변순용, 황기연, 임이정(2018), 「자율주행자동차에 대한 한국형 윤리 가이드라인 연구」, 『윤리연구』 pp. 203-238.

신홍일(2019), 「자율주행차와 윤리적 의사결정:누가 사는 것이 더 합당한가?」『감성과학』 22: pp. 15-30.

양선이 (2014), 「감정진리와 감정의 적절성 문제에 대한 고찰」, 『철학연구』 49: pp. 133-160.

양선이(2016), 「체화된 평가로서의 감정과 감정의 적절성 문제」, 『인간, 환경, 미래』 16: pp. 101-128.

이상형(2016), 「윤리적 인공지능은 가능한가?:인공지능의 도덕적, 법적 책임문제」, 『법과 정책연구』 16: pp. 283-303.

이중원(2019), 「인공지능에게 책임을 부과할 수 있는가?: 책무성 중심의 인공지능 윤리 모색」, 『과학철학』 22: pp. 79-104.

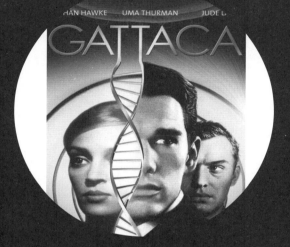

제7장.

인공지능은 인간의 일자리를
대체할 수 있는가?

— 영국 드라마 《휴먼스((Humans))》, 영화 《가타카》

4차 산업혁명 시대

———

4차 산업혁명은 1, 2, 3차의 혁명을 거친 차세대 혁명이다. 가내 수공업에서 공장화된 1차 혁명을 거쳐 2차 혁명에서 전기 동력을 이용한 대량 생산으로 대체되었다. 3차 혁명에서 컴퓨터 자동화 시대를 넘어 이제 4차 산업혁명은 정보통신 기술이 경제 · 사회 전반에 결합되어 일상생활의 모든 제품 · 서비스를 네트워크로 연결하고 사물을 지능화하는 혁명이다. 기술의 발전으로 사물인터넷을 이용하여 이렇게 점차 기술이 정교해지고 진화됨에 따라 사회의 변화도 동반되고 있다. 현재까지 이루어 낸 기술만 해도 산업 전반에 걸쳐 엄청난 변화를 가져왔고 이는 인간의 삶을 더욱 풍요롭고 편리하게 만들어 냈다. 그러나 이와 같은 엄청난 변화에 따른 위험도 간과할 수 없다. 4차 산업혁명이 진전됨에 따라 직업은 계속 생겨나고 또 사라지고 있는데 앞으로 인공지능이 발달하면서 직업의 종류가 다양해질 수도 있지만 적어질 가능성이 크다.

세계경제포럼은 2020년까지 710만 개의 일자리가 사라질 것이라고 보고했다. 사라지는 일자리는 주로 사무 · 관리 · 운전직과 같

인공지능, 영화가 묻고 철학이 답하다

은 직업이라고 보고된다. 기계가 인간을 대체하는 과정은 명확히 말하기는 힘들지만 그 과정을 서술해 보자면, 자동화는 실질적인 일자리가 아니라 기술을 대체하고 그렇게 되면 고용주들에게 필요한 것은 노동자가 아니라 기술을 통해 얻게 되는 결과물이므로 노동자 대신 기술을 갖춘 기계가 필요한 것이다.[85] 그렇게 되면 전반적으로 필요한 노동자 수는 줄어들 것이며 결국 기계가 인간의 일자리를 대체하는 것이 될 것이다. 대표적으로 요즘 등장하고 있는 무인점포 그리고 무인 계산기 등이 이를 실감하게 해 주고 있다.

이 외에도 인공지능이 인간의 일자리를 대체할 수 있는 사례는 어떤 것들이 있을까? 이 질문에 답하기 위해서는 현재까지 자동화를 피해 왔던 기술 중에서 앞으로 어떤 분야에 인공지능이 도입될 가능성이 높은지를 생각해 보면 된다. 제리 카플란(2016)에 따르면 우선 가장 확실한 분야는 단순 지각 능력을 활용하는 직무로서 기계 팔을 이용해서 정해진 물건을 집어 든다든지, 쓰레기를 줍고, 상품 박스를 포장해서 발송하고, 트럭에 물건을 싣거나 내리고… 등등 목표물을 눈으로 보고 어디에 있는지 정확히 파악하는 일이다.[86] 최근 영국 드라마 〈휴먼스〉에서도 이러한 장면이 자주 나온다.

인공지능은 동일한 활동이나 임무를 반복하는 업무를 쉽게 대체할 수 있다. 그러나 인공지능은 반복적이지 않은 업무까지 대체할 가능성이 크다. 예를 들어 글을 다른 언어로 번역하는 그러한 활동도 인간과 동등하거나 때로는 인간보다도 더 잘해낼 수 있을 것이

85 제리 카플란(2016), 신동숙 역(2017), 『인공지능의 미래』, 한스미디어, p. 203 참조.

86 카플란(2016), p. 207 참고.

라는 사실을 기계학습 기술의 발전이 입증했다.

오늘날 빅데이터의 활용으로 법률뿐 아니라 의료 서비스를 제공하는 과정에도 인공지능이 개입함으로써 큰 변화가 일어나고 있다. 예를 들면 IBM은 제퍼디 퀴즈쇼에 나갔던 왓슨 프로그램을 의료계의 다양한 분야에 활용하고 있는데, 왓슨은 암 환자에게 적절한 항암치료를 찾아내는 것에서부터 다양한 자료를 종합하고 분석해서 새로운 치료법과 약물을 찾기 위한 임상 실험, 신약에 가장 효과가 있을 만한 환자를 고르는 일까지 한다.[87]

영국 드라마 〈휴먼스〉에서는 이러한 상황을 잘 예측하고 있다. 대학을 간 딸이 공부를 더 이상 열심히 하지 않고 학점이 형편없이 나오자 엄마인 로라가 딸에게 요즘 왜 공부를 열심히 하지 않느냐고 묻는다. 딸은 "열심히 해 봤자 미래가 없다. 의사가 되려면 7년 걸리는데 인공지능은 7초 만에 뇌 외과의사가 될 것"이라고 말한다. 부모는 딸에게 최선을 다하길 바란다고 말하지만 인간의 최선은 쓸모없다고 말한다.

---

87   카플란(2016), p. 209 참조.

자동화를 피해갈 가능성이 높은
육체노동과 자동화에 가장 취약한 사무직

——

현재 많은 사람들은 직종에 서열을 매겨 어떤 직종은 다른 직종보다 우위에 있다고 생각하지만 인공지능이 인간의 일자리에 도입되면 그런 서열은 무의미해진다. 왜냐하면 흔히 우리가 수준이 높은 직종이라 분류하는 직업은 자동화되기가 쉬운 반면 수준이 낮은 직업들로 분류되지만 자동화되기는 어려운 경우들이 있기 때문이다. 카플란은 자동화를 피해갈 수 있는 일자리의 근거를 인간의 '사회적 가치'로 꼽고 있다. 즉 단순 육체노동의 경우 인간의 일자리는 자동화로 대체될 가능성이 크다. 반면 육체노동과 관련되지만 육체적 가치뿐 아니라 사회적인 가치, 즉 그 과정에서 대화를 나누고 인간적인 공감을 주고받는 데 우리가 가치를 두는 직업들은 인공지능을 통해 대체될 가능성이 적다는 것이다. 예를 들면, 내과의사, 외과의사, 치과의사, 운동 트레이너, 물리치료사, 척추지압사, 수의사, 미술가와 수공예 전문가, 메이크업 아티스트 등이 이에 해당한다.[88] 여기서 열거한 직업들을 보면 육체노동이 필

---

88 카플란 위의 책, p. 216 참조.

요하지만 인간과의 상호작용, 공감이 개입되지 않고서는 고객에게 만족스러운 결과를 줄 수 없는 일자리이다. 따라서 우리는 이 책의 제3장에서 다룬 인간과 기계의 상호작용과 인간과 인간의 상호작용에 차이가 있음에 주목할 필요가 있고, 인간과 인간 간의 상호작용에서 왜 공감의 가치가 중요한지를 되새길 필요가 있다. 인간과 인간 간의 상호작용에서 '친밀성', 감정적 상호작용을 중요시할 때 인공지능과 인간의 가치를 차별화 할 수 있고 인간을 대체할 수 없는 일자리를 지킬 수 있는 것이다.

카플란에 따르면 옥스퍼드 대학교 연구는 자동화의 영향에 가장 취약한 사무직종으로 세무사, 보험 설계사, 대출 상담 직원, 신용 분석사, 사내 도서관 보조 등등을 꼽았다.[89] 최근 삼성, LG와 같은 대기업들은 카카오톡의 플러스 친구 기능을 이용하여 고객 상담을 하고 있다. 그전에는 상담원이 직접 고객과 전화 상담을 통해 상담을 해왔지만, 인공지능이 발달한 현재는 상담원 대신 인공지능이 고객과 상담을 하고 있다. 인공지능은 명령어로 작동하며, 고객의 궁금증에 대해 입력된 매뉴얼대로 답한다. 또한 인공지능은 고객과의 대화(채팅)를 통해 데이터를 축적한다. 이로 인해 기존의 상담업무를 맡고 있던 직원들의 일자리가 줄게 된 것이다. 하지만 상담원과의 전화 상담은 유지되고 있는데, 그 이유는 현재로서는 인공지능을 통한 상담은 제한적이기 때문이다. 즉 인공지능은 입력된 명령어에만 반응하기 때문에 특수한 상담은 하지 못한다. 또한 인공지능 시스템에서 여러 가지 오류들이 발생하는 경우, 예를 들어 인공지능 시스템이 해킹되거나 다운되었을 때는 원활한 상담이

89   카플란(2016), pp. 218-219 참고.

이루어지지 않는다. 이와 같은 문제들이 존재하기 때문에 상담원과의 전화 상담은 없어지지 않고 유지되고 있다. 그러나 미래에 이러한 문제들이 해결된다면 인공지능이 이와 같은 인간의 일자리를 대체할 수도 있을 것이다.

　이와 같은 사정은 '기업 임직원'의 경우에도 적용된다. 현재 선진국의 많은 기업은 인사관리 업무의 전반을 인공지능에게 맡기고 있다고 한다. 영국 드라마 〈휴먼스〉에서도 이와 같은 사정을 잘 드러내고 있다. 대기업 중간 간부였던 로라의 남편도 어느 날 해고되는데, 그가 자신을 해고한 책임자에게 "내가 몇 년 전에 퇴사를 생각했을 때 내 자리는 안전하다고 당신이 말했었지"라고 따지자, 책임자는 난감한 표정을 지으며, 인공지능을 가르키며, "상황이 변했어…"라고 한다. 이에 남편은 책임자에게 "쟤는 인간만이 할 수 있는 일, 예를 들면 동료의 가족 생일까지 챙겨주는 일 등 인간을 관리하는 일 같은 것은 할 수 없지만 나는 그런 것을 잘한다"고 말하자, 인공지능이 끼어들어 말하길, 누구의 아들은 "8월 13일에 11살이 돼요. 오스카 하우스는 4월 8일 최근에 7살이 됐죠…"라고 하여 남편을 어이없게 만든다.

　우리나라에서도 'SK C&C, 롯데그룹, LG 하이프라자, 한미약품' 등이 '신입사원 선발'이라는 인사관리 업무를 인공지능에게 맡기고 있다고 한다. 그 이유는 인공지능 면접관이 '공정성' 문제에 있어서 어느 인간보다 훨씬 객관적이며, 입사지원서를 인간 면접관보다 100배나 빠른 속도로 분석할 수 있기 때문이다. 또한, 심지어 인간이 인식하기 어려운 미세한 눈 떨림이나 심장 박동 수와 같은 신체적 변화까지도 잡아낼 수 있기 때문에 인공지능이 인간 임직원 및 면접관보다 낫다고 생각할 수도 있다.

그러나 인공지능 면접관과 관련하여 최근 여러 문제점이 제기되고 있다. AI 채용과 관련하여 제기되는 문제는 면접의 결과와 실제 채용 결과가 상이한 경우가 있다는 것, 그리고 AI 면접이 어떤 알고리즘을 통해 응시자를 불합격시켰는지 확인할 수 없는 경우가 있다는 것이다. 또한 AI 면접이나 서류 심사만으로 채용이 이뤄진 경우 등이 있었다. 이러한 문제점을 해결하기 위해 최근 대안으로 인공지능(로봇)이 자신이 한 일에 대해 설명 가능한 인공지능(Explainable AI)를 만들어야 한다는 주장이 제기되고 있다. 즉 결과만 내놓기보다는 합리적으로 판단의 근거를 설명해 주고 공정한 결정을 내리는 인공지능 개발에 대해 사회적 노력이 필요하다는 것이다. 실제로 유럽연합은 일반 개인정보 보호법(General Data Protection Regulation, 2016)을 통해 개인이 알고리즘의 판단에 대해 거부할 수 있는 권리를 최근 명시해 놓았다.

인공지능, 영화가 묻고 철학이 답하다

해결책

───

　이러한 문제를 고려해 봤을 때 기술의 발전이 과연 모두에게 유토피아가 될 것인지는 장담할 수가 없다. 기술의 발전으로 가장 큰 이득을 볼 수 있는 부류는 자본가 또는 공급자들인 반면 노동자들의 삶은 더욱 궁핍해지게 될 것이다. 마치 과거 농업의 자동화로 인해 농기계를 구입할 자본과 선견지명이 있었던 사람들이 육체노동에만 의존해 작물을 기르는 농부들을 앞질러 갔던 것처럼 인공지능 시대는 노동자와 자본가 간의 부의 불평등을 낳고 빈부격차를 더욱 크게 만들 것이다.

　자동화의 물결과 함께 기업이 자본으로 노동을 대체하면서 노동자들은 일자리를 잃게 될 것이고 그들의 후손들마저 더 나은 삶을 누릴 수 없게 할 수도 있다. 동시에 일부 소수 층에 혜택과 가치가 집중되는 현상이 발생하게 될 것이다. 인공지능이 보급된 상류층은 엄청난 기술력으로 발전을 하고 그에 반해 인공지능의 혜택을 누릴 수 없는 사람들과의 생활수준의 차이는 아주 심해질 것이다. 그러므로 상류층이 이러한 기술의 혜택을 모두 가져간다면 지금보다도 더 심한 불평등 사회가 될 것이다.

군이 인공지능이 아니더라도 기술의 발전이 가져올 인간의 삶에 대한 비관적인 추측을 하고 있는 아주 오래된 영화가 있다. 1997년에 개봉된 SF영화 〈가타카〉에서는 미래사회에 유전자 조작으로 우성인자만 지니고 태어난 '엘리트'들이 지배계층을 이루고 자연적인 선택으로 태어나는 '신의 아이'들을 통제하고 감시하는 철저한 계급사회를 그려내고 있다. 이 영화는 소위 과학 기술의 도움으로 '증강받은 자'와 그렇지 못한 자의 부의 불평등을 잘 그려내고 있다. 영화에서는 아기가 태어나자마자 발바닥에서 채취한 피 한 방울로 질병 가능성, 직업, 수명까지 예측한다. 첫째인 형은 태어나자마자 온전하지 못한 유전자를 갖는 바람에 수명이 30세, 심장병 발생확률 90%, 등등의 판정을 받는다. 이에 불만을 가진 부모가 우생학의 도움을 받아 우수한 유전자만 선택해서 인공수정을 하여 둘째를 낳게 된다. 증강의 혜택을 받은 둘째 안톤은 모든 면에서 뛰어나게 됨으로써 소수만이 선발되는 우주 비행사가 되지만 어릴 적부터 우주 비행사가 꿈이었던 형은 청소부로 전락한다. 즉 형인 프리먼은 미래사회에서 선천적 결함을 그대로 지닌 '부적격'(열성인자를 가지고 태어난 사람)일 뿐이다. 이후 형은 탁월한 우성인자를 가진 제롬 유진 모로우로부터 신분을 사서 빈센트라는 인물로 변신하여 우주 비행사가 되기 위해 테스트에 참여하게 된다. 토성 탐사 기획을 위해 이루어진 테스트를 수행 중 빈센트는 우여곡절을 겪게 되지만 결국 자신의 의지로 모든 테스트를 통과하여 우주비행선을 타는 데 성공하면서 영화는 끝이 난다. 영화는 과학 기술 발전에 맞서서 인간의 의지가 운명을 바꿀 수도 있다는 미래 인간의 모습을 보여 주고자 하는 듯하다.

인공지능, 영화가 묻고 철학이 답하다

이렇게 4차 산업혁명은 우리에게 엄청난 혜택을 제공하는 반면 급격한 혁신과 파괴로 불평등을 유발하기도 한다. 자본가, 투자자, 주주와 노동자 사이에 격차가 심화되고 부의 이동이 거의 일어나지 않으며 신분의 격차 또한 너무나도 극명하게 드러나는 시대에 우리 모두 살게 될 것이다.

그러나 이와 같은 부정적인 사회적 상황에 대한 해결책이 없는 것은 아니다. 과거 역사에서 겪었던 것처럼 기근의 문제는 식량 부족이 아니라, 여러 사람에게 골고루 분배할 의지와 수단의 부족 때문이었던 것처럼 사고방식과 올바른 분배정책을 통해 해결 가능한 문제이다. 올바른 분배정책이란 뉴질랜드나 핀란드에서 실시하고 있는 기본소득제를 적용하여 국민 모두가 조건 없이 빈곤선 이상으로 살 수 있도록 보장해 주는 것이다. 또한 국가에서 일정 이상의 사람을 고용하도록 법안을 만드는 것과 같은 사회적 제도를 통해 사람들에게 일자리를 제공해 주어야 한다.

이 외에도 전반적인 사회 발전과 이윤추구를 목적으로 하는 사회적 기업을 증가시켜야 한다. 인공지능 기술의 발전은 인간에게 삶의 효율성과 간편하고 생산적인 생활을 가져다주지만 나중에는 인간이 해야 할 일을 로봇이 대신해 주면서 인간은 점점 나태해지고 더 이상 진보하지 않을 수도 있다. 그렇게 되면 로봇이 사람보다 더 능률적이고 똑똑해져 인간을 대체하는 데 무리가 없어질 것이고 점점 인간의 가치는 떨어질 것이다. 그와 동시에 로봇들이 인간을 지배하는 세상이 올 수도 있다.

그렇다면 로봇이 대체 불가능한 직업은 어떤 것들이 있을까? 많은 사람들은 창의력과 상상력이 요구되는 예술 분야의 직업 또는 공감 능력이 필요한 상담사와 같은 직업이라고 말한다. 그런데 우리가 1, 2, 3장에서 살펴보았듯이 인공지능이 감정과 상상력까지 갖춘다면 이러한 분야도 인공지능에게 넘겨주어야 할지도 모른다. 이런 측면에서 카플란(2016)이 지적했듯이 앞으로 우리는 인공지능으로 할 수 있는 일보다 할 수 없는 일이 무엇인지 묻는 편이 더 간편할지 모른다. 그렇게 되면 현재 인간이 실행하는 온갖 분야의 일에 대한 기술적 해결책이 나올 것이다.[90]

우리가 이 책의 4장에서 영화 〈바이센티니얼맨〉을 통해 살펴보았듯이 인공지능이 인간보다 더 창작을 잘한다고 할지라도 그 로봇이 저작권이나 특허권과 같이 권리를 가지려면 인격을 가져야 한다. 물론 최근에 와서는 인간과 동등한 인격은 아니더라도 인공지능에게 책임 귀속을 위해 '전자인격'을 부여하기도 한다.

인공지능이 인격을 가질 수 있는가의 문제는 인공지능이 자율적 주체가 될 수 있는가 하는 문제와도 직결된다. 인공지능이 자율적인 주체가 될 수 있다고 인정하더라도 인간이 통제 가능한 영역을 벗어난다면 인간의 능력을 뛰어넘는 초지능을 통해 인간이 설정한 윤리 프로그램을 넘어 인간을 지배하는 것은 시간문제가 될 것이다. 카플란은 지능적인 기계들이 소중한 도구에서 위험한 주인으로 바뀌는 상황은 현실성이 없다고 말한다.[91] 하지만 이는 그가 인공지능을 그야말로 지능만 가진 존재로 보기 때문이다. 카플란은 이어서 다음과 같이 말한다. 즉 "기계는 사람이 아니며 적어도 지금으로써는 이 기계들이 자기 개선의 한계를 훌쩍 넘어서 독

---

90   카플란(2016), p. 232 참고.
91   카플란(2016) 위의책, p. 260.

188 | 인공지능, 영화가 묻고 철학이 답하다

립적인 목표, 필요, 본능을 발달시키고 어떻게 해서든 인간의 감독과 통제를 벗어날 수 있다고 믿을 이유는 없다"[92]고 말하는데, 그는 여기서 '자율성' 개념을 '목표, 필요, 본능을 스스로 발달시키고, 인간의 감독과 통제를 벗어남'으로 보면서 인공지능이 이러한 의미에서의 자율성을 갖지 못하는 것으로 보고 있는 것 같다. 그러면서 그는 예기치 못한 파괴적인 결과는 공학적 실패이지, 진화의 다음 단계에서 필연적으로 찾아올 불의의 미래 같은 것이 아니라고 한다. 그러나 카플란의 이런 주장이 맞다면 우리가 1장에서 살펴본 〈엑스 마키나〉의 경우 자신이 폐기될 것이라는 사실을 안 에이바가 자신을 창조해 준 과학자 네이든을 살해하고 도망친 것은 네이든의 설계가 실패한 것이라고 보아야 할까? 영화에서 네이든은 자신이 에이바를 만든 원리를 잭슨 폴록의 그림 원리라고 했다. 즉 붓이 가는 대로 그렸지만 조화로운 작품이 된 것과 같이 에이바를 만들 때 무작위로 데이터를 넣어 주었는데 에이바가 스스로 학습하고 진화하여 네이든의 손을 떠났다고 했다. 즉 에이바는 감정을 가질 수 있는지를 확인해 보는 튜링 테스트를 통과한 것을 넘어 인간의 영역을 넘어선 것이다.

우리가 이 책의 3장에서 살펴본 것처럼 오늘날 '키스멧'이나 '페퍼'와 같은 감성 로봇이 등장하고 점차 복잡한 감정을 갖는 로봇의 개발로 이어지고 있는 것을 보면 인공지능이 감정을 가지는 것은 미래에는 가능한 일이고 우리가 인공지능을 공부하는 이유는 먼 미래까지 예상해서 대비하기 위함이므로 이러한 생각은 무의미한 것이 아니다. 단지 감정에 관한 이론적 연구가 부족한 학자들이 거

---

92 같은 책, p. 261.

부하는 것일 뿐이다.

우리가 이 책에서 살펴보았듯이 만일 감정을 가진 인공지능이 가능하고 이러한 인공지능이 〈엑스 마키나〉에서 과학자 네이든이 말하듯 '잭슨 폴록의 그림 원리처럼 무작위한 데이터를 주입해 주었는데, 스스로 학습해서 진화한다면 인간처럼 복잡한 감정을 가지지 말라는 법이 없을 것이다. 그렇다면 제작자가 본래 의도하지 않았던 방식으로 나갈지도 모른다. 이를 방지하기 위해서는 우선은 로봇이 인간에게 해를 가하는 행동을 하지 못하도록 기능을 갖추되 인간이 제어할 수 있도록 설계되어야 할 것이다. 그다음으로는 타인의 고통에 공감할 수 있는 도덕감정을 가질 수 있도록 프로그래밍 해야 한다. 인공지능이 도덕감정을 가질 수 있도록 프로그래밍해야 한다고 해서 기계가 실제로 도덕적 존재가 된다는 의미는 아니다. 내가 말하는 도덕감정을 가지도록 해야 한다는 뜻은 인공지능이 윤리적으로 타당한 방식으로 행동하도록 설계해야 한다는 뜻이고 윤리적으로 타당한 방식으로 설계한다는 말은 인간의 관습과 행동을 이해하고 따르도록 설계해야 한다는 뜻이다. 그러기 위해서는 공감 능력이 있어야 할 것이고 따라서 로봇에게도 공감할 수 있는 능력을 프로그래밍해야 한다. 우리는 제3장에서 인공지능이 공감이 가능한지에 대해 다룬 바 있다.

인공지능이 자율성을 가지고 인격을 가진 주체로서 인간이 통제 가능한 영역을 벗어날 경우를 방지하기 위해서는 로봇의 도덕적 행동의 동기력으로서 도덕감정을 갖추도록 프로그래밍 해야 한다. 즉 인공지능이 초지능으로 인간보다 뛰어난 판단을 할 수 있고 그래서 인간이 예측할 수 없는 추론을 통해 인간을 해치지 못하도록

인공지능, 영화가 묻고 철학이 답하다

하기 위해서는 도덕적 판단원리뿐만 아니라 도덕적 행동의 추진원리로서 도덕감정을 가질 수 있도록 프로그래밍할 필요가 있다. 그렇게 되면 설령 잘못된 판단을 하더라도 인간으로부터 승인의 감정을 불러일으키지 못한다면 즉 공감을 얻지 못한다면 자신의 행동이 잘못되었다는 것을 스스로 깨달을 수 있다. 따라서 도덕적 행동의 추진원리는 도덕감정이어야 한다. 우리는 왜 도덕감정이 중요한지를 이 책의 시작에서부터 계속 논의해 왔다.(이 책의 3장, 5장, 6장을 보라)

한편, 4차 산업혁명은 무생명 논리로 산업화되기 때문에 이런 무생물적인 산업 환경에서는 인간의 생명보다 기계의 논리가 우선시되는 현상이 발생 될 수 있다. 예를 들면 자율주행 자동차와 같은 교통수단의 경우 기계 고장이나 인공지능의 잘못된 판단으로 인해 제어가 안 되어 사고가 날 수 있다. 최근 이와 유사한 상황들이 실제로 발생하고 있는데, 테슬라와 우버의 경우가 그 예이다.

따라서 그러한 위험한 상황을 만들지 않기 위해 인공지능이 인간의 일자리를 대체할 경우 발생할 수 있는 여러 가지 상황을 고려해 해결방안에 대해 연구하여 사전에 사고를 방지해야 한다. 우리는 이와 같은 문제에 관하여 6장에서 살펴보았다. 트롤리 딜레마를 자율주행차의 경우에 적용했을 때 인공지능이 내릴 결정에 대한 해결방안을 찾기 위해서는 사회적 합의가 필요하다는 것을 다시 한번 명심하도록 하자.

또한 인공지능을 특정한 세력이 노리고 해킹과 같은 범죄를 저지르도록 세뇌할 가능성에 대비해 윤리, 도덕과 같이 인간이 소중하게 여기는 가치들을 기계에게 가르쳐야만 하고 인공지능의 행위나 의도를 감시하고 분석하여 인공지능이 악의적인 의도를 가지는 것을 사전에 차단하여야 한다.

이렇게 4차 산업혁명의 진행 속도가 빨라지고 범위도 다양해지면서 수많은 분야의 기술이 융합되고 조화를 이루어 더욱 다양하고 광범위하게 발전하고 있다. 그리하여 여러 분야에서 상호 영향을 미쳐 인간의 삶에 큰 변화가 생기고 있다. 4차 산업혁명은 우리에게 더 나은 세상으로 나아가게 해 주고 있지만 여러 가지 문제점을 고려해 보았을 때 과연 기술의 발전이 우리 삶을 진정으로 행복하게 해 줄지에 대해서 우리는 고민해 보아야 한다.

인간의 편리를 위해 만들어 낸 인공지능이 훗날에 인간의 불행으로 이어질 수 있는 위험성에 대해 간과해서는 안 된다. 이렇게 무서운 속도로 발전하는 인공지능 기술이 사람이 할 일을 하나씩 대체해 가면서 점차 사람을 지배할 수도 있다는 것은 진정 우리에게 위협이 되지 않을 수 없다. 그렇기 때문에 4차 산업혁명은 인간 중심의 산업혁명이 되어야 한다. 그러나 인공지능과의 공존이 불가피한 현실에서 우리는 어떻게 공존할 수 있을지를 고민해 보아야 할 것이다. 필자는 공존을 위해 인간과 인공지능의 상호작용 그리고 인간과 인간의 상호작용을 구분하고 인간의 가치인 공감력을 잘 살려 공존을 모색해야 한다고 말했다(3장). 공감을 위해 '친밀감'에서 출발해야 하지만 인간과 인공지능의 상호작용에 있어 지나친 친밀감은 '의인화'로 이어질 수 있으며 더 심각하게는 가상현실 중독에 빠질 수 있다. 4차 산업혁명 시대에 우리는 이와 같은 문제의식을 가지고 인간과 인간 간의 관계에서는 '친밀함'을 바탕으로 해서 공감하는 것이 중요하지만 친밀함에서 비롯된 사적인 관계의 편파성을 극복하고 공평무사한 관점으로 확대해야 한다. 그리하여 나와 이해관계가 없는 사람의 고통에 대해서도 공감할 수 있는 연대의식을 가져야 한다.

앞으로의 4차 산업혁명이 가져올 창출이 걷잡을 수 없이 커질 때 사회를 혼란하게 만들 수 있다는 생각과 함께 신중하게 문제를 인식하고 인간이 삶의 주체가 되도록 노력해야 한다. 그리고 부의 불평등을 최소화시키기 위해서 4차 산업혁명의 혜택이 공정하게 분배되어 모두가 풍요로운 삶을 즐길 수 있도록 하는 대책 마련도 시급하다. 노동 시장과 경제의 발전이 최대한의 이익과 최소한의 피해를 만들기 위해 모두가 함께 고민해 보아야 한다.

인간의 삶의 범위가 로봇들로 인해 축소되는 것을 신중히 결정해야 할 것이며 기술 발전의 편리함이 가져다줄 것에 대한 인간의 과도한 욕심으로 인해 인간이 지닌 소중한 가치를 잃지 않도록 해야 할 것이다. 인간의 정체성과 관련하여 기술이 넘어서는 안 되는 선이 어디까지인지 신중히 생각하여 다가오는 최첨단 사회에서 이러한 윤리적인 문제에 대해 최악의 상황까지 예상하여 미리 해결방안을 마련하면서 인공지능과의 공존을 모색해야 할 것이다.

제리 카플란(2016), 신동숙 역(2017), 『인공지능의 미래: 상생과 공존을 위한 통찰과 해법들』, 한스미디어.

제리 카플란 (2015), 신동숙 역(2016), 『인간은 필요 없다: 인공지능 시대의 부와 노동의 미래』, 한스미디어.

인공지능, 영화가 묻고 철학이 답하다

인공지능,

영화가 묻고
철학이 답하다

초판 1쇄 발행 2021. 12. 29.
   2쇄 발행 2023. 6. 22.

지은이 양선이
펴낸이 김병호
펴낸곳 주식회사 바른북스

편집진행 조은아, 임윤영
디자인 정지영

등록 2019년 4월 3일 제2019-000040호
주소 서울시 성동구 연무장5길 9-16, 301호 (성수동2가, 블루스톤타워)
대표전화 070-7857-9719 | **경영지원** 02-3409-9719 | **팩스** 070-7610-9820

•바른북스는 여러분의 다양한 아이디어와 원고 투고를 설레는 마음으로 기다리고 있습니다.

이메일 barunbooks21@naver.com | **원고투고** barunbooks21@naver.com
홈페이지 www.barunbooks.com | **공식 블로그** blog.naver.com/barunbooks7
공식 포스트 post.naver.com/barunbooks7 | **페이스북** facebook.com/barunbooks7